室内设计新视点·新思维·新方法丛书

朱 淳 / 丛书主编

INTERIOR GREENING AND MICRO LANDSCAPE DESIGN

室内绿化及微景观设计

张 毅 严丽娜 / 编著

·北京·

内容简介

本书是一本有关于室内绿化与微景观设计方法的书籍。

室内绿化设计不是简单的后期植物装饰，而是人们运用技术与艺术手法，结合植物与各种装饰材料，在建筑空间中创造的一种回归自然、浓缩自然的氛围。本书将植物看作是一种有生命的材料，着重从空间规划的角度介绍室内绿化设计的方法与规律，并整理了植物参与塑造空间，产生文化与娱乐性，提升生态效应等诸多方面的功能，其目的是将室内绿化设计的应用面拓展得更广。

本书将室内绿化设计与微景观两个话题有机地结合在了一起，并配有大量的案例图片，书中归纳的室内绿化设计的思路与方法覆盖面比较全面，不仅适合专业的室内设计师、学生，还可作为希望打造森系居家空间以及微景观爱好者的知识拓展读物。

图书在版编目（CIP）数据

室内绿化及微景观设计/张毅，严丽娜编著. —北京：化学工业出版社，2020.12（2024.1重印）
（室内设计新视点·新思维·新方法丛书/朱淳主编）
ISBN 978-7-122-37876-7

Ⅰ. ①室… Ⅱ. ①张… ②严… Ⅲ. ①室内装饰设计-绿化 Ⅳ. ①TU238.24

中国版本图书馆CIP数据核字（2020）第193100号

责任编辑：徐 娟 装帧设计：张 毅
责任校对：王佳伟 封面设计：刘丽华

出版发行：化学工业出版社（北京市东城区青年湖南街13号 邮政编码100011）
印 装：北京天宇星印刷厂
880mm×1230mm 1/16 印张 10 字数 250千字 2024年1月北京第1版第2次印刷

购书咨询：010-64518888 售后服务：010-64518899
网 址：http://www.cip.com.cn
凡购买本书，如有缺损质量问题，本社销售中心负责调换。

定 价：68.00元

丛书序

人类对生存环境做出主动的改变，是文明进化过程的重要内容。

在创造着各种文明的同时，人类也在以智慧、灵感和坚韧，塑造着赖以栖身的建筑内部空间。这种建筑内部环境的营造内容，已经超出纯粹的建筑和装修的范畴。在这种室内环境的创造过程中，社会、文化、经济、宗教、艺术和技术等无不留下深刻的烙印。因此，室内环境营造的历史，其实包含着建筑、艺术、装饰、材料和各种技术的发展历史，甚至包括社会、文化和经济的历史，几乎涉及了构成建筑内部环境的所有要素。

工业革命以后，特别是近百年来，由技术进步带来观念的变化，尤其是功能与审美之间关系的变化，是近代艺术与设计历史上最为重要的变革因素，由此引发了多次与艺术和设计相关的改革运动，也促进了人类对自身创造力的重新审视。从19世纪末的“艺术与手工艺运动”（Arts & Crafts Movement）所倡导的设计改革，直至今日对设计观念的讨论，包括当今信息时代在室内设计领域中的各种变化，几乎都与观念的变化有关。这个领域的发展：从空间、功能、材料、设备、营造技术到当今各种信息化的设计手段，都是建立在观念改变的基础之上的。

在不同设计领域的专业化都有了长足进步的前提下，室内设计教育的现代化和专门化出现在20世纪的后半叶。“室内设计”（Interior Design）这一中性的称谓逐渐替代了“室内装潢”（Interior Decoration），名称的改变也预示着这个领域中原本占据主导的艺术或装饰的要素逐渐被技术、功能和其他要素取代了。

时至今日，现代室内设计专业已经不再是仅用“艺术”或“技术”即能简单地概括了。它包括对人的行为、心理的研究；时尚和审美观念的了解；建筑空间类型的多种改变；对功能与形式的重新认识；技术与材料的更新，以及信息化时代不可避免的设计方法与表达手段的更新等一系列的变化，无不在观念上彻底影响着室内设计的教学内容和方式。

本丛书的编纂正是基于这样的前提之下。本丛书除了注重各门课程教学上的特点外；更兼顾到同一专业方向下曾经被忽略的一些课程，如室内绿化及微景观；还有从用户心理与体验来研究室内设计的课程，如环境心理学；以及作为室内设计主要专项拓展的课程，如办公空间设计；同时也更加注重各课程之间知识的系统性和教学的合理衔接，从而形成室内设计专业领域内，更专业化、更有针对性的教材体系。

本丛书在编纂上以课程教学过程为主导，通过文字论述该课程的完整内容，同时突出课程的知识重点及专业知识的系统性与连续性，在编排上辅以大量的示范图例、实际案例、参考图表及优秀作品鉴赏等内容。本丛书能够满足各高等院校环境设计学科及室内设计专业教学的需求，同时也对众多的从业人员、初学者及设计爱好者有启发和参考作用。

本丛书的出版得到了化学工业出版社领导的倾力相助，在此表示感谢。希望我们的共同努力能够为中国设计铺就坚实的基础，并达到更高的专业水准。

任重而道远，谨此纪为自勉。

朱 淳

2019年7月

目录

contents

第 1 章　室内绿化设计概述

曾经人们觉得室内绿化设计只要在作品完成后摆上花盆，种上植物即可，认为绿化只是一种可以净化环境的陈设艺术。不过随着时代的发展与人们认识的加深，室内绿化设计已得到更全面的定义。如今的室内绿化设计传达了一种植物与空间密不可分的关系。植物与空间的完美结合既呈现了一种功能与美学上的统一，又呈现了一种视觉上自然且返璞归真的空间风格。

环境设计离不开特定的空间与场所，室内绿化设计也应放在特定的空间与场所中进行探讨，并运用全局的方式思考问题，这样才能处理好植物与环境的关系。

1.1　室内绿化（规划）设计

1.1.1　什么是室内绿化设计

室内绿化设计是人们运用技术与艺术手法，结合植物与各种装饰材料，在建筑空间中创造的一种回归自然、浓缩自然的氛围。室内绿化设计既满足了人们视觉上对自然风情与淳朴之美的追求，又达到了心理与身心返璞归真的需求，还兼顾了空间的实用功能。室内绿化设计虽然以植物为主要素材，具有景观或园林设计的特征，但仍属于室内设计的范畴（图1-1）。

植物能够创造自然的气息，美化环境，无论是我国还是西方国家，绿化景观都是一种常见的造景手法。运用植物来装饰室内空间的历史悠久。我国经历了传统的盆栽花木到微景观般的盆景艺术，再到室内瓶插，乃至如今将园林手法运用到室内空间各个阶段的发展过程。而西方室内绿化设计发展过程中则较早地引入了防水、灌溉等方式，还创造了暖房技术，甚至还在设计界掀起了返璞归真、回归自然的绿色革命。可见从古至今，国内外都对室内绿化设计乐此不疲，室内绿化设计已成为如今流行的设计趋势之一。

室内绿化设计根据不同的建筑环境虽有大小之分，但是体量再大的设计与宏伟的自然景观相比仍然微小。室内空间中的绿化设计就好似一个“浓缩”的自然世界，精致且亲切。这种微缩自然，将自然留在身边的理念与如今的微景观有着异曲同工之妙。小型植物与各色器皿成为微景观的主体，自然被浓缩于方寸之间。微景观设计是如今室内绿化设计界的又一位新成员，它既充实了室内绿化的表现形式，又为其注入了一股新兴且富有趣味的活力。

图1-1　办公中庭种植的乔木使得室内空间具有园林的特征

1.1.2 室内绿化设计是一门综合的设计

室内绿化设计是一门综合的、跨界的设计。室内设计师必须有着全面的知识与设计素养才能创作出优秀的室内绿化设计作品（图1-2）。

想处理好绿化与复杂的空间关系，你必须是一位建筑师，能够从全局的角度观察问题；你必须是一位室内设计师，精通各类室内材料与空间的处理方法；你必须是一位景观设计师，获知如何从造景的角度打造环境；你必须是一位园林家或至少是一位了解植物的人，这样才能配置植物；你必须是一位懂技术的人，知道如何在有限的室内空间中将植物养好；当然，你还必须是一位热爱自然的人，因为自然为我们提供了无限的灵感。

为此，设计师往往需要付出更多的努力，这样才能在如此之多的跨界领域中游刃有余地“穿行”，当然，这也是室内绿化设计的乐趣所在。

图1-2 原木风格的室内中庭空间。建筑体量感强烈的室内空间与植物完美地结合在了一起

1.1.3 室内绿化设计是一门空间的设计

室内绿化设计的内容具有综合性及多样性，因此，室内绿化设计需要建立在一种全局的思维模式上，并且还需要与空间规划设计同步进行。室内绿化设计不是简单的后期装饰与陈设，而是一门空间的设计（图1-3）。

图1-3 餐饮空间中配有装在木质花箱中的悬挂绿化，设计师将空间的高度优势充分地利用了起来

任何设计都以特定空间为依据的，空间中各个单位间的关系紧密且有逻辑，没有完全脱离空间的个体。规划设计中（如改造项目）的功能分区、动线布局、建筑朝向、节点、视线通廊等内容具有多种可能性。是利用场地本身的条件，还是寻求一种突破？一些看似棘手的问题，当放在环境中进行考虑与分析，思路也许会更明朗，因为环境具有重要的提示作用。

同样的，在室内进行绿化设计也必须遵循这种环境思维准则，即使一盆简单的盆栽也应放在空间中考虑。如植物是否符合空间的尺度，植物的色彩、质感是否与空间协调，摆放位置是否有自然光，植物是否影响人的动线等。而对于那些大型的室内环境绿化设计，这种设计理念更应成为主导。这样室内绿化设计才能与空间更有机地结合在一起，才能在宏观层面就展现出植物之美，设计才能形成一个完整的风格（图1-4）。

图1-4　办公大堂的盆栽植物看似摆放随意，其实具有导流以及迎宾的功能。空间中央摆放的一组植物是视觉焦点，且具有组团感

1.2　植物是一种有生命的材料

植物是一种有生命的材料，它不同于工业材料可以完全按设计的模数组合，并即刻呈现效果。植物的生长周期、成景效果以及搭配方式并不能完全以人的意志为转移。同时，室内绿化设计往往需要对最终的成景效果做一个时间上的预估，还要将室内的光照、通风、采光等生态因素与植物的成活率充分、综合地考虑，这样才能利用好植物这种材料（图1-5）。

图1-5　商业空间一角。植物天然的形态与人工的空间风格产生了对比，但空间中的木质材料又与植物产生了一种自然的呼应

植物是一种材料，同木饰面、石材、金属或玻璃一样，在保证植物健康的前提下完全可以将其大胆地应用于空间中的各个界面。植物的种类繁多，色彩与肌理各异，可以与不同的室内材料与造型搭配出不同的室内风格。对于建筑材料的表现，人们的认可度常褒贬不一，但对于植物，人们几乎没有任何否定意见。将植物这种材料应用于室内空间是人们向往自然、追求绿色的一种表现。

可以说，植物几乎可以应用于机场、火车站、商业、办公、医院、学府、展示空间等各类公共空间，以及我们的居家场所。

植物作为一种有生命的材料，其特点如下。

1.2.1　外观特征

（1）形态特征

植物的种类繁多，色彩与形态丰富，即使是同一棵植物也没有两片完全相同的树叶。不同品种的植物形态

图1-6 商业空间楼梯边的垂直绿化。这是一处植物品种与质感搭配得丰富的绿化，虽然植物丰富但与空间的基调处理得很好

图1-7 办公大厅的绿化一角。攀缘类植物需要经过漫长的过程才能爬满挂网，届时人们才能欣赏到绿化成景的效果

各具特色，可以是整株植物的轮廓所呈现的方形、圆形或锥形，也可以是各具特色的叶形，还可以是枝干、花朵所展现的天然的色彩等。

植物的天然形态与色彩是区别于传统的建筑及装饰材料的重要特征。

（2）肌理与质感

肌理是植物各个部位如茎秆、叶片以及花朵的大小、排列方式、数量以及明暗等因素形成的整体特征。植物的肌理常带给我们“毛茸茸”“细致”“适中”“粗糙”以及“粗犷”等感受。植物的质感指富含水分的叶片、茎秆以及其娇嫩的色彩等带给我们的一种整体的质地感受，如叶子的透明度、表面是否有着革质的反射、嫩芽水灵灵之感等（图1-6）。

工业化的建筑材料无法完全达到植物的肌理与质感。植物鲜活的肌理与质感同样是区别于传统的建筑及装饰材料的重要特征，也是不少人工材料望尘莫及的。

1.2.2 时间因素

植物与传统的建筑材料不同，它会随着时间在外观上不断地发生变化。不少植物的叶片会随着季节交替转变色彩，令室内绿化设计的作品“活”了起来，还可以给人们带来四季不同的视觉效果。人们可以观察到植物生命的过程，还能参与到为植物浇水、施肥、修剪等一系列工作中，这样可以培养对生命的尊重。

时间因素具有诸多不确定性，如移栽的植物何时才能成景；为什么刚完工的院子植物看起来松松垮垮的；植物死亡后没了景致怎么办；疯长后的植物乱七八糟怎么办；业主缺少一些必要的维护植物的知识怎么办等。一年生植物来年就会没了效果，花期过后的植物常常“惨不忍睹”，落叶植物在温暖的季节很美，但在冬天就是光溜溜的。如果设计师在设计时未将时间因素一并考虑，或提前告知委托人，那么绿化设计的效果可能会呈现另一番“景象”（图1-7）。

时间因素超越了二维平面与三维空间，它是室内绿化设计的延伸，也是室内绿化设计中不可回避的问题。

1.2.3 管理与养护

我们都知道植物的生长需要管理与养护，若忽视了这些工作植物就会衰败，形态就会不尽如人意。室内绿化设计是一个伴随着管理与养护的永无止境的过程。

植物是一种有生命的材料，具有各自的生长状态。在设计时，设计师往往只能尽力选择那些更接近构想的植株，待植物生长一段时间后，通过逐步修剪来完善设计构想。疯长后的植物同样需要修剪，这样可以节约空间，减少植物间的竞争，保持植株形态。这是一项有利于植物健康的必要工作。植物是一种有生命的元素，每日需要光照与通风，浇水、施肥工作也需定期进行，这样才能保持植物的健康（图1-8）。

1.3　植物的功能

1.3.1　实用功能

（1）塑造空间

各类建筑与装饰材料塑造了室内空间，植物作为一种有生命的材料同样也能达到这些效果，且大部分用于室内空间的材料都可以通过植物进行尝试与替换。

植物可以作为绿篱围合、分割空间或成为空间的端景。植物是鲜活的，可以打造出富有生机的节点空间。植物还通过其自然的形态与色彩将各个分散的空间串联了起来（图1-9）。

图1-8　绿雕作品需要通过不断的修剪才能逐步达到效果

图1-9　数码产品专卖店一角。植物作为绿篱分割了展示区与交通动线，金属板反射了植物，这样可以使绿化面积看起来更大，这是一种非常巧妙的组合方式

（2）防护

户外空间的植物除了造景功能外，还担任着防护的作用。如绿篱用来抵御噪声或沙尘，乔木的树冠在夏天可以遮挡刺眼的阳光。室内空间的气候与光照虽趋于稳定，但植物的防护功能仍有用武之地。设计师常会借鉴室外绿化的某些思路，用植物来阻隔视线，以保证某一区域的稳定；或在室内水景的边缘摆放植物用来提醒人们保持距离，小心落水。

（3）导向作用

植物具有导向与标识作用。植物特殊的自然形态有别于任何的人工构筑物，非常容易引起人们的注意，这就是一种天然的视觉提示符号。

人们常在入口或通道两端摆放盆栽来界定一定的范围，以引导人们进入；不少通道的交叉处会布置绿化，以告诉人们这里是交通节点；两排对植的绿化植物可以形成通廊，以引导人们前往正确的方向（图1-10）。

图1-10 植物起到了绿篱的功能，并界定了办公区的入口

（4）娱乐功能

植物具有娱乐功能。人们不仅可以从精心搭配的植物中获得惬意与放松，还可以从中获得安全感与归宿感。植物可以与人产生一系列的活动与互动，这其中就包括了各种比赛和游戏。男孩们从小就喜欢在树上爬来爬去或在枝干上荡来荡去，以展现自己灵巧的一面，还喜欢捡起树枝作为打闹的工具。而女孩们则喜欢坐在树下的秋千上，静静地思考或快乐地野餐。年幼的孩子们喜欢窝在树洞里以寻求一种安全感。人们对树屋的喜好也许是儿时记忆的一种反映（图1-11）。

（5）提供食物或材料

即使家中没有摆放任何绿化作品，我们也绝对离不开植物的身影。

图1-11 书店二层的树屋中配有绿植，顾客们喜欢在这里看书

我们常吃的瓜果蔬菜其实都来源于植物的叶、果还有根茎。时下人们开始流行在家中种植有机蔬菜，通过自己的双手以及时间的积淀丰衣足食，摘下几片生菜叶放入碗中，一种归隐之感油然而生。居家的景观设计如今还流行起了“一米菜园”，植物通过食材与景观并存的形式展现在我们的面前。

除食材外，其实植物还一直伴随在我们身边，那就是木材。我们常用的原木、木饰面板、软木，以及各类木质家具、木质餐具其实都是木材做的。不少隐蔽工程使用的基层板、龙骨，不少混凝土建筑浇筑用的模板其实也是木质的（图1-12）。

植物时时刻刻伴随着人们，人们的生活离不开植物。

图1-12 主材为原木的办公室，绿化充满了空间的各个角落

1.3.2　美学功能

（1）创造自然氛围

在室内空间布置绿化或使用植物作为元素进行设计可以营造出自然的风格，这是我们最熟悉的一种植物的功能，也是室内绿化设计的主要手法与目标之一。

（2）装饰空间

无论是我国还是西方，在室内应用植物的目的大多数还是装饰空间。植物可以为室内添加色彩；一些造型优美的植株本身就蕴含了丰富的观赏价值；插花则尽显了艺术家的功力，为空间带来了艺术之感。

植物天然的绿色可以点亮空间，用植物来装饰室内空间同样也是室内绿化设计的重要手法与目标。

（3）柔化空间/调和色彩

植物具有柔化空间、调和色彩的功能。植物天然的形态与色彩同生硬的、冷漠的建筑形成了对比。人们常在旧厂房改造的空间中种满各种植物，以调和强烈的建筑感，还喜欢在一些色彩杂乱的空间种上植物，利用大片的绿色重组空间的色调（图1–13）。

图1–13　办公大堂一角。水泥与金属的组合并运用暴露式做法的空间充满了冷峻的工业风格，而融入的墙面绿化、落地大型盆栽以及桌面上的微景观柔化了空间并为空间添加了色彩

1.3.3　文化功能

无论我国还是西方世界，植物都有表达文化、传递情感和思想的功能。人们常选用不同的植物来装饰节日、传达寓意。

在我国，春节期间人们喜欢在居室中摆上水仙、君子兰、仙客来等植物以表达瑞祥；在端午节用菖蒲、艾蒿来驱虫辟邪；在八一建军节用苏铁歌颂英勇的战士们。苹果寓意平安、吉祥；菊与“久”谐音，象征长久与长寿；兰在民间象征和谐与万事如意。

此外，花语可以表达感情与愿望。如玫瑰表达了爱情与美；康乃馨代表了伟大的母爱与亲情的思念；薰衣草是坚贞与浪漫之爱的象征；百合花是顺利、心想事成之意的代表；雏菊寓意纯洁之美、天真与愉快（图1–14）。

图1–14　婚宴空间选用了花语是纯洁之爱的白玫瑰来进行装饰

1.3.4　生态功能

我们都知道，植物能释放氧气，提高空气质量。绿色生态是室内环境质量的重要内容，绿化在室内设计中的意义重大。但如果希望植物能够在室内空间持续地发挥这种效应，还需给予植物适合生长的环境并提供必要的管理与维护措施，因为不少在室外可以轻松存活的植物，当移栽到室内后状态就不理想了。

图1-15 前景、中景、后景层次丰富的花园一角。这种造景方法也是室内绿化设计常用的表现形式之一

图1-16 餐饮空间选用了数控的垂直绿化墙作为隔断，还在空中悬挂了微景观作为装饰，这种组合使绿化的层次更丰富

1.4 室内绿化与园林、景观设计

1.4.1 两者的共性

室内绿化设计呈现了一种自然的风格，它是园林与景观在室内空间中的延伸。

园林与景观设计是在一定地域运用技术和艺术手法，通过改造地形、种植花木、运用自然材料、营造建筑和布置园路等方法创造的富有美感的自然与游憩场所。室内绿化设计延续了这种理念，并与室内设计手法结合，以在室内空间中创造出独具特色的自然风格。

室内绿化设计同园林与景观设计有着密切的关系，植物架起了几者间的桥梁，任何园林及景观设计手法都可以在室内绿化设计中进行尝试（图1-15）。

1.4.2 两者的区别

（1）空间的尺度不同

相对于开放的室外环境，室内空间狭小了不少，因此，室内绿化设计往往本着因地制宜、充分利用有限的空间与界面的理念展开设计工作。室内绿化设计常会运用一些视觉与构图技巧，以在有限的空间中打造错落有致、层次丰富的绿化景观，或通过一些“微景观”的处理方式，将场景打造成一种浓缩自然、再现自然的空间效果（图1-16）。

（2）选用的植物不同

由于室内外空间尺度差异，植物选择上也会存在不少差异。大部分室内绿化设计会选择一些矮灌木或地被植物以适应室内空间。在公园中种植高大乔木是一件轻松的事情，而在室内就会受到天花高度、开间与进深的限制。即使是那些挑高的中庭空间也不能像户外那样游刃有余地种植乔木，因为植物的根系量巨大（移栽土球直径为1.5m），种植池往往无法满足深度与面积要求，因此不少情况下只能选择那些浅根系的树种。

由于室内外空间的尺度差异，因此不少设计往往需要在植物的品种与既有的空间条件中找到一个平衡点，有时不得不退而求其次选择那些“装”得进空间的植物，这样才能展开绿化设计工作。

（3）植物的生长环境不同

封闭的室内空间无法完全还原自然状态下的光照、通风、湿度等条件。对于植物来说在室外可以自由生长的环境，当移至室内则苛刻了不少。因此，有必要将植物的生长习性与设计紧密结合，科学地进行室内绿化设计，而不是一味地追求视觉效果，忽视了植物的感受。

当然，随着如今迅猛发展的人工种植与建筑技术，如果撇开成本，在室内将植物养出优异的状态或种植乔木也不是什么难事。人工浇灌、人工补光的技术已非常成熟，不少建筑在设计之初就为大型树池做足了降板设计（降低楼板或屋面板的结构标高）。

技术的发展正在逐步缩小室内与室外环境的差异，这是时代给我们的馈赠，充分运用新技术也是如今室内绿化设计的重要趋势之一（图1–17）。

1.5　室内绿化设计的内容

室内绿化设计的工作是什么？室内绿化设计围绕着植物是一种有生命材料的理念展开室内环境设计工作。

在室内设计中，任何能通过植物替换的材料与装饰品都属于室内绿化设计的范畴，就好比用植物作为隔墙、用植物作为铺地、用植物替换吊顶、用植物替换陈设品等内容，但所有工作的前提是必须保证植物的健康，否则室内绿化设计就无从谈起。

室内绿化设计的内容包括从零起步的空间设计，也包括对既有空间进行的绿化改造（图1–18）。

图1–17　办公中庭一角。绿化中庭种植了常绿的大型乔木及灌木，休息用的吧台与种植池被结合在了一起

图1–18　顶层的阳光房日照良好，这样里面的植物才能长得更好

图1-19、图1-20 公共空间中的绿化既有装饰功能也有实用功能

1.6 关于本书

1.6.1 本书特点

（1）室内绿化规划设计

从空间规划角度来看待室内绿化设计，即使桌面上的一件微景观作品在设计与摆放时也应考虑所处环境。

不少设计师与读者觉得室内绿化设计就是简单的陈设，对于如何将绿化与空间有机地结合认识较少或不够全面，这样也就比较狭义地限制了室内绿化设计的发挥空间。因此，有必要将室内绿化设计上升到规划层面。

（2）植物是一种有生命的材料

将植物定义为一种有生命的材料，即在保证植物健康的前提下，植物就如同建筑与装饰材料一般，能够胜任塑造空间的任何需求，这样可以将室内绿化设计的应用面拓展得更广。

（3）功能性绿化设计

强调绿化的功能，突破传统上绿化设计只能看的认识，因为植物还具有参与塑造空间、文化、娱乐、生态等诸多方面的功能（图1-19、图1-20）。

（4）植物配置的规律

设计给人的第一印象多是视觉反馈，延续这种思路，本书从最实用的视觉角度对植物进行了分类并介绍了配置植物的规律，还有针对性地介绍一些必要的生物背景知识，而不是单纯地介绍植物的生物属性。

（5）设计方法覆盖面全

本书中归纳的室内绿化设计的思路与方法比较全面，不仅适用于公共空间、居家空间，还适用于微景观的设计与制作。

（6）重点绿化技术与维护问题

本书结合实践对一些技术与维护问题做了针对性的介绍，书中有关技术与维护部分的内容牢牢抓住如何获得更好的造景效果展开。

（7）微景观

毋庸置疑，微景观已融入我们的生活，但市面上少有比较全面的微景观书籍。本书的这部分内容从作者自身多年景观设计以及制作微景观的体会出发，将不同类型的微景观的定义、构思、设计以及制作技巧等内容做了梳理并加以串联，这样读者可以对微景观有一个全面的了解。

微景观的设计、构图与室内绿化设计两者间并没有矛盾，许多方法都可以融会贯通，这也是为什么将两部分看似独立的内容设定在一本书中的重要原因。

1.6.2　章节内容概述

本章主要讲了从空间角度规划植物、植物是一种有生命的材料、植物的功能等一系列室内绿化设计的认识问题，为后续章节做了铺垫。

第2章主要从形态的角度介绍室内绿化设计中不同类型的植物，最后通过“过滤法”介绍如何梳理与确定设计中所需的植物品种。

第3章讲的是室内绿化设计的原则，将一些设计前需要了解的共性点分析整理出来以形成一个系统，这可以为室内绿化设计的大部分工作提供思路依据。

接下来是室内绿化设计的方法章节，这里分了两章（第4章、第5章）。第4章从空间、造型、色彩等方面讲述了室内绿化设计的方法，第5章从实际运用的角度讲了绿化设计的技巧。因为设计方法必须和实践联系在一起才有意义，纯粹的设计方法略显枯燥，设计技巧是设计方法的提炼，也更实用，将这两个章节搭配具有“文武双全”的含义。

第6章是微景观的定性与类型介绍。这里的微景观没有狭义地定位在苔藓微景观，而是将其看成是一个类型，即符合指定要素的作品都可以称作微景观。本章还分析了人们为什么喜欢微景观，以体现微景观艺术更深层次的意义。

第7章是有关微景观的设计与制作章节。本章并没有一类一类地进行介绍，而是从规律的角度介绍不同类型微景观设计与制作的共性与个性，这种规律性的方法具有“以不变应万变”的理念。本章的内容会体现手作精神，这也是微景观能够自己动手制作，区别于大型室内绿化设计的一个重要特征。

1.6.3　写给读者

室内绿化设计是一门综合的学科，其中不仅需要扎实的室内设计功底与工程经验，还需要大量的园林与景观设计的经历，其中还包括植物学的内容。既懂得设计又精通植物的人可谓“文武双全”，而事实上这样的经历需要花费大量的时间进行积淀，并学以致用，整个过程没有捷径可言（图1–21、图1–22）。

如此多的内容，每个点都可以独立成册，非本书的篇幅可覆盖。为此，本书调和了这些专业的关系，将重点定位在室内绿化设计的方法上，这样可以不必纠结于某一领域，而是将室内绿化设计不同阶段的内容、思维模式与设计方法系统地串联在一起。这样读者才能获得

图1–21、图1–22　室内绿化设计不仅能应用于大型的公共空间，也能应用于各类个性化的小型空间

图1-23、图1-24　室内绿化设计常会结合建筑的采光顶并应用景观或园林的方法展开设计工作

一种可量化、可逻辑化、可指标化的设计方法。因为设计的项目千变万化，而设计的方法可以融会贯通，有规律可循。

全书不求那些深奥的理论，但求通过大量的实例图片，将室内绿化设计的方法比较完整地介绍给读者。

由于篇幅限制，书中虽会对植物的品种做一些介绍，但不会像教材般地展开，读者可以准备几本植物手册进行拓展。书中的设计方法可以作为一种选择植物的参照依据（图1-23、图1-24）。

希望读者通过实践举一反三，形成各自独特的思维方法与工作模式。本书的内容不仅适合专业的室内设计师、学生，还可作为希望打造森系居家空间以及微景观爱好者的知识拓展读物。

思考与延伸

1. 当下室内绿化设计的趋势是什么？
2. 传统建材与植物的区别有哪些？
3. 观察生活中潜在的植物功能有哪些？
4. 室内绿化设计与园林设计的异同点是什么？

第 2 章　植物的类型

由于室内外环境的差异，室内绿化设计多选用那些株形与根系合适，并且能适应室内光照、温度以及管理条件等因素的植物，其中常会用到热带或亚热带地区的多年生观叶植物。花卉也是室内绿化设计常用的植物之一。虽然我们只能欣赏到植物花期的即时之美，但是鲜花所呈现的效果是一般观叶植物所不能比拟的。

作为一种设计元素，就如同各类建筑与装饰材料一样，植物给人的第一印象一般来源于视觉。除了视觉因素外，室内绿化设计也必须满足植物的生长要求，因为植物是一种有生命的材料。结合这两点，本章以介绍植物的形态分类为主，并结合必要的植物生长习性，这样可以使读者对室内绿化设计所用的植物有针对性的了解。

本书虽然定位为室内绿化设计，但如果仅从室内可应用的植物角度讲解会过于片面，因此本章将从园林的角度介绍植物，这样可以更全面。本章的目的是提供一种可量化的植物选择依据，这样设计师在设计过程中既能找对植物，以充分表达设计构想，又能兼顾植物的生长要求以及一些其他的影响。

2.1　室内绿化植物（材料）的分类

使用鲜活的植物进行造景是最常见的绿化设计方式；插花这种艺术形式我们也不陌生；干花虽然没有生命，但因其可以保存长久，视觉效果稳定，也是一种受欢迎的绿化方法。对于那些没有条件种植鲜活植物的空间而言，仿真植物则是一个不错的选择。仿真植物虽然无法与活植物的质感相比，但仍然能表达出空间自然的基调。其实，能运用于室内绿化设计的“植物”远不止鲜活的植物，它们的分类如下。

2.1.1　自然生长类

（1）土培类植物

种在土壤里的植物是我们再熟悉不过的一类植物了，因为土壤是理想的栽培介质。室内常见的土培类植物包括棕榈科（散尾葵、袖珍椰子）、木棉科（马拉巴栗/发财树）、桑科（橡皮树）、天门冬科（文竹）、加科（鹅掌柴）、天南星科（绿萝）、百合科（巴西木、富贵竹、吊兰）、蕨类、多肉类等，以及任何能在室内空间中健康成长的植物。

土培类植物通常会结合各类花盆、花箱或花坛，经由容器与植物的搭配，并结合空间，形成各具特色的室内绿化景观（图2–1）。

图2–1　由各类盆栽构成的温室餐厅一角。图中的家具是按婚典配置的，这将是一场自然见证下的浪漫婚礼

图2-2 种在玻璃器皿内的水培植物是一种常见的绿化形式

（2）水培/水生植物

① 水培植物（图2-2）。水培是一种无土栽培技术，也称为营养液栽培。水培可以获得洁净的植株。水培包括深水循环、薄膜流层、喷雾、动态浮根等形式。居家最常见的水培为静态浮根式，即将植物的根系浸泡在静态的液体中，如水培绿萝。一般市售的绝大部分养在玻璃瓶里的水培植物其实仍是陆生植物，只是保留了水生植物的遗传基因或者是那些容易萌发气生根与不定根的植物，如天南星科、凤梨科、百合科以及鸭跖草科等的绝大多数植物。

玻璃器皿中的水培植物由于能看到植物的根系，因此显得既滋润又灵动，打理方便的水培植物十分受到人们的喜爱。时下流行的垂直绿化也使用了水培植物的循环与喷雾的技术。

② 水生植物（图2-3）。能够完全生长在水中的植物统称为水生植物。水生植物的细胞间隙特别发达，拥有特殊的通气组织，可以保证植株的水下部分能够获得足够的氧气。

水生植物的形态优雅，花色艳丽，景观效果出众。由水生植物打造的水景水面的色彩与层次丰富，就好似一处自然的微缩景观。如今，不少水生植物会结合垂直绿化以打造出一个立体且水栖效果强烈的室内绿化场景。由于绿化水景对场地以及施工技术有一定的技术要求，且需要投入额外的设备与成本，因此不少业主常常“谈水色变”，这无形中限制了水生植物展示自我的机会，而且一般花卉市场销售的水生植物品种也不多，因此人们对水生植物的认识还停留在荷花等个别品种。但无论何种因素都不能减弱水生植物优秀的造景效果。

根据生长方式，水生植物通常分为挺水植物、浮叶植物、沉水植物、漂浮植物以及水缘植物五大类。

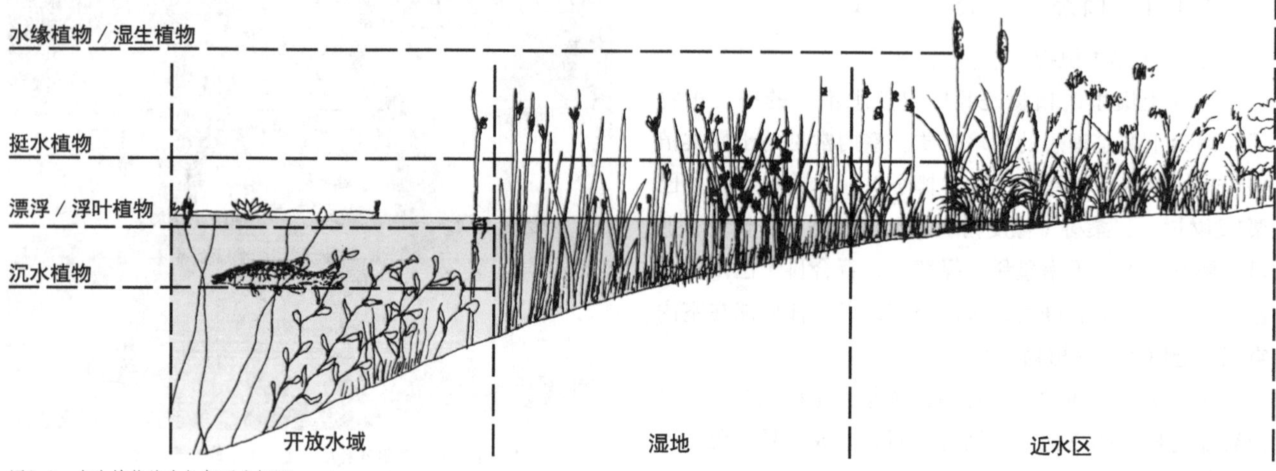

图2-3 水生植物的生长断面分析图

a. 沉水植物（图2-4）。沉水植物的根茎生于泥中，整个植株沉于水中，叶多为狭长或丝状，且具发达的通气组织，这样有利于在水中进行气体交换并吸收养分。沉水植物多以观叶为主，景观中常见的沉水植物有轮叶黑藻、狐尾藻、金鱼藻、马来眼子菜、苦草、菹草、水菜花、海菜花等。

图2-4 自然状态下的水下水草（苦草）王国

我们常见的那些构思巧妙、风格迥异的水草造景便是通过形态与色彩丰富的沉水植物打造的。但这类水生植物对水质、温度及光照有一定的要求，许多品种需添加二氧化碳才能保证良好的生长状态及鲜艳的色彩。

b. 漂浮植物（图2-5）。漂浮植物的根不生于泥中，株体漂浮于水面上随波逐流。漂浮植物多以观叶为主，常见的漂浮植物有浮萍、凤眼莲、大薸等。

图2-5 漂浮在水景上的大薸

c. 挺水植物。挺水植物的上部植株挺出水面，下部沉于水中，根或地茎扎入泥中。挺水植物一般植株高大、花色艳丽，绝大多数品种的茎叶特征明显。挺水植物种类繁多，景观设计中常用的品种有荷花、千屈菜、菖蒲、水葱、再力花、梭鱼草、花叶芦竹、香蒲、泽泻、旱伞草、芦苇等。

d. 浮叶植物。浮叶植物的根状茎发达，并扎于水底的淤泥中。浮叶植物没有明显的地上茎或茎细弱，叶片漂浮于水面上。常见的浮叶植物有王莲、睡莲、萍蓬草、芡实、荇菜、水罂粟等。

e. 水缘植物与湿生植物。这类植物生长在驳岸边，从浅水到近水的陆地都可以生长。水缘植物与湿生植物的种类繁多，景观效果优异。设计有浅水区与驳岸的园林水景，水缘植物会成片地蔓延并形成块面，视觉效果饱满。水缘植物与湿生植物除了直接种在水体边缘的基质中，还可以种植在花盆里摆放在浅水区，这样可以连盆带土一起更换，维护十分便利。水缘植物与湿生植物的种类包括美人蕉、梭鱼草、千屈菜、再力花、水生鸢尾、红蓼、狼尾草、蒲草、香菇草等以及各类适应水边环境生长的植物（图2-6）。

图2-6 由各类挺水植物、浮叶植物、水缘植物打造的园林池塘一角，水生植物将平静的水面装饰得生动活泼

（3）气生类/附生植物

① 低等附生类。低等附生植物指那些无根的、较低等的地衣、苔藓和蕨类植物中的某些附生类群，它们常附着于岩石或树干上，因为没有真正的根，这些植物所需的水分和养分大部分只能从大气中获得，所以人们称之为低等的“气生植物”。这类植物中的苔藓具有很

图2-7 野生状态下附着在枯木上的白发藓与地钱共生

强的耐旱能力，且具有忍受恶劣环境的能力，在养殖中偶尔忘记浇水也无妨，相对其他植物更易于管理，因此在如今快节奏的工作与生活中，苔藓微景观流行了起来（图2-7）。

② 高等气生植物。高等气生植物有被子植物中的苦苣苔科、凤梨科和兰科植物中的某些附生物种。这类植物有真正的根，但根系主要起附生于岩石或树干表面的固定作用，而生长所需的水分和营养则通过叶片表面发达的银灰色绒毛鳞片状组织由空气中获得。凤梨科和兰科中的气生植物常被分别称为“空气凤梨”和“气生兰”。

空气凤梨起源于拉丁美洲和美国南部地区，其作为观赏植物已有百年的历史，20世纪80年代就在欧美、日本等国家流行，21世纪初才传入我国，因此对于设计师与许多读者而言这种植物比较陌生。空气凤梨在花卉市场也并不多见，园林设计中更是极少使用。空气凤梨的形态新奇，同苔藓一样具有很强的节约水分和养分的能力，适应粗放的管理方式，也十分适应如今快节奏的生活。商家们常称这类植物为“懒人植物”，也并不无原因（图2-8）。

图2-8 阳光照射下的空气凤梨养殖场一角。最前部的是带有花苞的鳞茎类空气凤梨

（4）新奇类

除了苔藓、空气凤梨外，食虫植物、佗草、苔玉、多肉植物等的形态与色彩也令人感到新奇。虽然这些植物基本从属以上几类，但其还是被摘取了出来，因为它们在自身别具一格的同时还满足了人们猎奇的心理（图2-9）。新奇植物的介绍见第6章、第7章。

图2-9　颜色艳丽的食虫植物与水苔

2.1.2　插花/切花

插花是将植物的花、枝、果或叶切下作为素材插入合适的容器，通过艺术与构图的手法打造的绿化装饰。插花是一种十分灵活与高效的室内绿化方式，其特点如下（图2-10、图2-11）。

（1）时效性强

插花的素材虽然都是鲜活的植物，但由于已断根，吸收水分及养分的能力受到了限制，所以作品无法长久保存，因此人们常称插花为时效之美、即时之美（因为插花没有根，一些插花只能维持1~2天的活力，维护良好的插花至多也就能活10天至1个月）。

（2）装饰性强/装饰效率高

插花由于直接切取了植物最精华的部分，对于创作者而言，由于省去了植物的栽种过程与等待成景的时间，更不用担心植物生长习性的问题，因此是一种高效的植物组合方式，具有立竿见影的装饰效果。

插花遵循美学与构成的艺术，因此作品效果出众，非常适合那些高端空间的装饰。

（3）随意性强

插花又是一种非常适合居家且轻松随意的绿化装饰方式，普通人就可以亲手制作，即摘一束鲜花插入瓶中就可成为一件作品。人们通过插花可以随时将自然之美留在家中。

图2-10、图2-11　生活感与艺术感并存的插花艺术

图2-12、图2-13 仿真植物装饰的咖啡店与办公休息空间

图2-14、图2-15 由各色干花装饰的居室及会议空间

2.1.3 人工（加工）植物

如果说插花是一种时效之美，那么人工植物则是一种永恒之美。制作精良的人工植物不但可以传达自然的气息，而且日常几乎无须打理，是种比较一劳永逸的室内绿化装饰方式。对于那些无法满足植物生长条件的室内空间，运用人工植物未尝不是一个理想的选择。

（1）仿真植物

仿真植物有具象与抽象两类。仿真植物一般由绷绢、皱纸、涤纶、塑料、树脂等材料制作而成。随着技术的进步，仿真植物愈做愈真，色彩也已能很好地还原自然的本貌了（图2-12、图2-13）。

（2）干花

干花，时下也称为永生花，是选用各类鲜切花，如玫瑰、康乃馨或枝干及树叶，经过脱水、烘干等一系列工艺加工而成的产品。干花分为保留原色以及脱色、染色的艺术干花。原色干花虽保留了植物原始的形态，但色彩纯度有所降低，不过装饰效果质朴。而艺术干花的形态、手感几乎与鲜花无异，工艺优良的艺术干花可保存3年之久。两种干花根据不同的场合以及空间风格承担着各自重要的角色，它们是花艺设计、空间装饰、庆典活动十分理想的绿化装饰材料（图2-14、图2-15）。

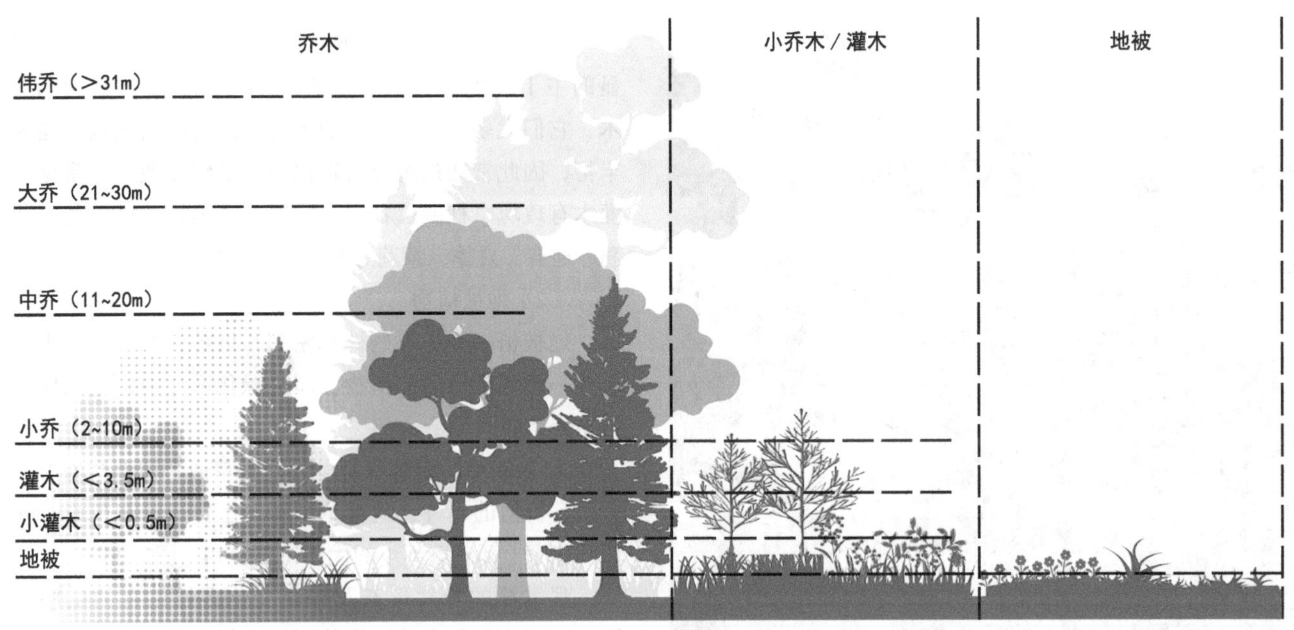

图2-16 植物的形态高度分析图

2.2 绿化工程植物的分类

室内绿化设计与植物学不同，植物多是从景观工程以及视觉的角度进行分类与选材的（图2-16）。

2.2.1 景观植物分类

（1）木本植物

我们常将木本植物称为树。木本植物的特征是植物体的木质部发达，茎坚硬，多年生。在室内空间运用木本植物正是因为其结实的枝干、饱满的树冠所形成的一种空间体量感。木本植物常给人以坚固的感受，园林中将木本植物分为乔木、（花）灌木等。

① 乔木（图2-17）。乔木主要指树体高大、具有明显主干且树干和树枝具有明显区别的树木。乔木又根据高度分为伟乔（31m以上）、大乔（21～30m）、中乔（11～20m）、小乔（2～10m）几个等级。

一般情况下室内绿化设计不会使用大型乔木，而选用的乔木也必须充分考虑各类因素。如树池中的乔木应尽可能选择根系浅且横向生长的品种，这样可以适当减少覆土深度造成的对楼板的压力。而盆栽的小乔则应选择足够大的树箱，这样才能为植物根系提供一个良好的生长以及吸收营养的空间。

室内绿化常会选择一些小乔木作为盆栽装饰。室内中的小乔木需要定期修剪以保持植株宜人的尺度。室内绿化设计中常用的小型乔木品种有菜豆树（幸福树）、印度橡胶树、苏铁、棕竹、山茶花、鹅掌柴等。

图2-17 带有自然光的餐饮空间中，青枫被种在较深的盆栽容器内

图2-18 由灌木构成的花园一角。灌木的品种丰富，尺度宜人，是绿化设计中使用频率极高的一类植物

图2-19、图2-20 观赏草的色彩与形态优良，成片观赏草打造的绿化景观在风中具有轻盈的效果

② 灌木。灌木指那些高度在3.5m以下，且没有明显的主干的木本植物。茎高0.5m以下的灌木称为小灌木，它们大多呈丛生状。灌木由于形态小巧精致，品种丰富，因此常通过组合打造出不同的绿化效果。常见的灌木有玫瑰、杜鹃、牡丹、黄杨、沙地柏、铺地柏、连翘、迎春、月季、茉莉等品种（图2-18）。

（2）地被植物

地被植物是指那些株丛密集、低矮，覆盖在地表且具有一定观赏价值的植物。园林绿化设计中常用的地被植物分类如下。

① 观赏草。园林景观中的观赏草通常指那些株形具有观赏价值的品种，这类草种相对于普通草在色彩、叶形及花序上都有着不小的优势（图2-19、图2-20）。

观赏草的叶片形态及株高变化多样，有的低矮刚硬，如蓝羊茅，有的则柔软飘逸，如苔草。观赏草还富有韵律和动感，每当微风吹过，成片的观赏草就会沙沙作响，前后摆动。

室内绿化设计选用观赏草除了考虑视觉效果外，还考虑到观赏草大多对环境要求粗放、抗旱性好、抗病虫能力强、不用经常修剪等特点。

观赏草既可独植成景，又可作为色块大片种植，还可与其他植物搭配。许多观赏草虽然冬季叶片干枯变色但仍不凋落，这又会成为一道景观。观赏草的特点如下。

a. 色彩。观赏草的叶色五彩斑斓、绚丽多彩，除了我们熟悉的绿色外，还有靓丽的黄色、尊贵的金色、激情的红色、浪漫的粉色、高雅的蓝绿色等。一些品种的叶片生长有条纹、斑点等图案，这可极大地提高观赏价值。

b. 叶形。观赏草不仅色彩斑斓，新奇的叶形也是被设计师选用的重要原因。观赏草常见的叶形有皱叶、针叶、叶缘皱褶，还有螺旋状叶等。

c. 花序。观赏草虽然不像观花植物那样具有美丽鲜艳的花朵，但其变幻无穷的花序也富有独特的美感与质感。开花的观赏草是室内绿化设计的又一道美景。

② 藤蔓植物。藤蔓植物指那些茎干细长，自身不能直立生长，必须依附基面或支架进行攀缘的植物。藤蔓植物在造景中常以垂挂的形式出现，这样可以充实竖向空间。另一种形式则是运用其延展面广、成景迅速的特点以作为色块大面积使用。藤蔓植物在垂直绿化中的使用频率也很高。藤蔓植物按生长方式有如下分类。

a. 藤本型（图2-21）。藤本型植物分为攀缘藤本与缠绕藤本，通常这类植物都能够沿着立面向上生长。藤本型植物可以随着基面的起伏变化出丰富的造型。

攀缘藤本通过茎节上的气生根、吸盘或卷须等结构将自身固定于基面或支架上。气生根与吸盘型的藤本有常春藤、爬山虎类、五叶地锦等品种；卷须藤本有牵牛花、葫芦、葡萄等品种。缠绕藤本的特点是无附着结构，全靠柔软的茎缠绕于物体的表面。缠绕藤本有紫藤、金银花、文竹、龙吐珠等品种。

b. 蔓生型（图2-22）。蔓生型植物指的是有匍匐茎的植物。蔓生型植物分为散铺式与匍匐式，这类植物通常只能沿水平面生长。

散铺式（莲座式）植物从一个点长出新叶，通过偶尔萌发的平卧或下垂匍匐茎进行繁殖。我们熟悉的吊兰就是其代表，其他的品种还有蔷薇、木香、藤本月季等品种。匍匐式（走茎式）植物的每个茎节都是生长点，落地便能生根，因此蔓延速度很快。黄花酢浆草、金叶过路黄、马蹄金等都可以算是匍匐式植物。

藤蔓植物按茎的质地还可分为草质茎藤蔓（如扁豆、牵牛花、芸豆等品种）以及木质茎藤蔓（如金银花、炮仗花、紫藤等品种）。

图2-21　紫藤是常见的缠绕型藤本植物

图2-22　金叶过路黄叶形小巧，园林中常将其用作地被植物使用，蔓生的特性使其很快就能爬满一片场地，形成块面效果

图2-23 水仙是居家常见的球根类植物，也是一种插花的素材

③ 球根类植物（图2-23）。球根类植物为多年生草本。这类植物具有可以储存养分的地下茎或膨大的变态根。球根类植物的种类繁多，养殖便利，无论在花镜、花坛还是在水景中都能发现其身影。根据球根的形状，球根类植物可分为鳞茎、球茎、块茎、块根和根茎等。拥有根茎地下芽的植物有芦苇、莲藕、蕨类等品种；块茎类的有我们熟悉的马铃薯、秋海棠、马蹄莲、美人蕉、天竺葵等；块根地下芽的品种有酒瓶兰、大丽花、芍药、睡布袋等；风信子、水仙花、百合等是鳞茎地下芽植物的代表。

（3）花卉/观花植物

人们都喜欢在闻着诱人芳香气味的同时欣赏艳丽多彩的鲜花，花卉与观花植物是景观与园林设计中的一大重点。花卉狭义上指花朵具有欣赏价值的草本植物，卉是草类的总称。广义上的花卉可以理解为各类观花植物。园林与景观中的花卉植物还包括开花且花朵同样具有欣赏价值的地被、灌木、乔木等植物（图2-24）。

草本花卉有一串红、刺茄、半支莲（一年生）、金鱼草、金盏花、三色堇（二年生）等品种，常见的观花灌木有紫薇、玫瑰、木绣球、栀子花、连翘等品种，观花乔木有白玉兰、樱花、梅花、合欢等品种。

图2-24 由花卉、花灌木以及开花乔木构成的花园一角

2.2.2　观赏部位

（1）植株的整体形态

自然界中的植株形态变化多样，景观设计中植株的形态多指植物的外部轮廓和主体结构给人的第一印象。由于植物一直在生长，植物体不会永远停留在某种形态上，有时需要人工干预才能保持。但总的来说植株可以归纳为几何型与自由型等几种形态（图2–25）。

① 几何型

a.（扁）球体。形态呈球体和扁球体形态的植株品种丰富，这类植株的树冠直径等于或大于树冠高度。球形是植株的主流形态，因此常作为绿化设计的基本植株造型。球体乔木代表有榕树、桂花等，球体灌木代表有杜鹃花，球体草本代表有天竺葵、秋海棠等。

b. 椎体。椎体形态的植株主干或主蔓发达，顶端具有生长优势，同时向下依次发出侧枝，株形特点为纵向大于横向。椎体植株由于形体挺拔、造型刚毅，常作为视觉引导，并且能起到拉高空间的作用。椎体植株的代表有罗汉松、南洋杉等品种（图2–26）。

② 棕榈型。棕榈型植株带有浓浓的热带气息，它的叶多集中于主干的顶部，且叶形较大。棕榈科植物是棕榈型植株形态的代表，大多数苏铁类以及百合科的龙血树属也属于这一类型。棕榈型植株造型鲜明，个性突出，特别能打造出热带风情，与同类型的植物搭配造景，主题强烈。

③ 莲座型。莲座型植株多为草本植物。这类植物叶簇生于基部，节间短，造型饱满，外形富有韵律，充满现代气息。虎尾兰属、丝兰属、龙舌兰属以及不少多肉植物品种都属于这个类型。

④ 自由型

a. 不规则型。藤蔓植物是不规则型植株的代表。由于藤蔓植物具有攀爬的特性，因此整体造型往往由依附的界面所决定。

b. 下垂型。下垂型植株的枝条或茎下垂飘逸，代表品种有我们熟悉的垂柳（乔木）、迎春花（灌木）。这类植株的形态轻盈柔美，容易产生律动感，常用在弧形空间中使用。藤蔓植物下垂的茎同样能达到这种效果，设计师常将其作为悬挂绿化使用。

⑤ 竖向型。竖向型植株的品种有仙人掌、百合等。这类植物多为单子叶，其茎或叶直立。竖向型植株分支少，体量单纯，装饰时不会对空间造成过多的细节干扰，常用于那些造型单纯的室内空间。

图2–25　不同形态的树形剪影分析图

图2–26　背景为椎体植株前景为各类球体植株搭配的花园一角

图2-27 植物的叶片形态、色彩各异，就像人的长相各不相同。世界上找不到两片完全相同的叶子

图2-28 院子中种在树荫下的矾根，在绿色的植物中显得格外耀眼。矾根既耐阴又是彩叶的植物，这在植物界中是很难得的，因此矾根的应用面非常广

（2）观叶

树叶是植物进行光合作用的主要器官。蕨类、裸子植物和被子植物等所有高等植物都有叶。树叶是绝大多数植物在近处最先看到的部分，又是绝大多数植物除了整体形态外视觉上比较稳定与强烈的组成部分，树叶也是绝大多数观赏植物的重点观赏部位。树叶一般分为叶片、叶柄、托叶三部分，就像人的长相各不相同，世上也没有两片完全相同的叶子。

① 叶形（叶裂）/大小（图2-27）。对于植物而言，树叶就好似像太阳能板，是植物获取阳光的重要器官。叶子的形状扮演着重要角色，圆形叶片能捕捉更多阳光；较小的叶子则能避开过多的阳光；锋利的叶片有助于减少水分消耗，最典型的是沙漠中的仙人掌，它的叶子已经退化成了细小的针状。

树叶的大小也不一样，大型树叶如蒲葵、海芋可长到1~3m；小叶子的植物如多肉植物中的紫米粒，还有文竹、天门冬等的叶片不足1cm。

树叶可分为鳞形、披针形、楔形、卵形、圆形、镰形、菱形、匙形、扇形、提琴形、肾形等形态。

② 色彩/叶脉/纹理。树叶除了我们熟悉的绿色外，还有红色、粉色、黄色、紫色等多种色彩，其表面的叶脉与纹理形式也非常丰富。室内绿化设计为加强空间的色彩层次，常会引入一些彩叶植物。彩叶植物可以与花卉作为一种时效景致上的互补。

彩叶植物中的一些品种常年叶色稳定，在室内绿化设计中的受欢迎程度很高，矾根就是其代表。矾根的叶色丰富，有绿色、橙色、红色、紫色、花色、金色等系列，既耐阴又耐寒的特点使其应用面非常广（图2-28）。网纹草有红色、粉色、粉绿色等叶色系列。由于其叶形小巧，表面具有网状叶脉，因此装饰感强烈。吊竹梅终年呈绿紫相间的叶纹。彩叶植物还有各类型的彩叶草。大部分食虫植物的捕食器官会呈现出靓丽的色彩。选用食虫植物制作的苔藓微景观效果也非常强烈。

另一类彩叶植物的叶色会随着季节交替而变化。如红枫在春秋季的叶为红色，夏季叶为紫红色；银杏树的树叶在秋天会变成明亮的黄色；观赏草中的蓝羊茅在春、秋季节会变得微微泛蓝。

一些植物的新芽会萌发色彩，待叶片成熟后再转变为绿色。花叶络石的新叶呈粉红色与白色，老叶则变为绿色或淡绿色，新与老叶间过渡有斑状花叶。花叶络石的色彩层次丰富，色彩斑斓。红叶石楠春秋两季的新叶呈饱和的火红色，成片红叶石楠非常艳丽。

叶片除了丰富的色彩外，叶片表面特色的叶脉及纹理也会令绿化的视觉效果锦上添花。变叶木的叶片表面有着辐射散开的橙色与黄色叶脉；网纹草叶片表面有着网状的叶脉，配着网纹草不同的叶片色系，常给人一种精致之感；彩虹竹芋叶片正面有着绿紫色与粉绿色相间的鱼骨状纹理，近叶缘处有一圈如同彩虹一般的玫瑰色或银白色的环形斑纹，其叶片背面则呈现紫色。彩虹竹芋叶片效果丰富，观赏价值极高。

③ 质感/肌理。叶片的质感与肌理已在第1章中做过简介，它们是叶片的视觉以及触觉表现，是不同植物重要的特征（图2-29~图2-32）。

叶片的质感包含了皮革质地（印度榕、芭蕉）、皱纹或起伏（秋海棠、波士顿蕨）、绒毛（虎耳草）、多汁（多肉类），以及叶片的厚薄度所呈现的不同半透明感等。除了单片树叶的肌理外，植株整体叶片的疏密、排列方向以及光影的变化会形成植物给人的整体肌理感。叶片小、排列紧密的植株给人细腻及毛茸茸之感；而粗枝大叶的植株则给人粗糙及干涩之感。

叶片的质感与肌理常常会结合室内空间的心理感受一同考虑。如儿童活动中心多会选择那些肌理细腻、质感温和的网纹草或多肉植物作为装饰，而政府类机构则会选择松类植物以体现庄重感。

图2-29~图2-32 竹芋叶片表面的纹理丰富，朱槿的叶片油光发亮，狼尾草的穗毛茸茸的，蕨类植物的叶子给人娇嫩之感。植物叶片表面的纹理、质感与肌理是每种植物重要的特征，也是一大欣赏点

图2-33 植物的花形丰富多彩，开花植物是室内绿化装饰的重点之一

（3）观花

观花植物顾名思义是以欣赏花朵为主的植物，在前面已做介绍。虽然植物的开花时间有限，但花期效果最为强烈。人们期待开花时各类花朵千变万化的花型、惊艳的色彩，还有独特的香气。观花植物除了园林造景外，还常作为插花艺术的材料。

① 花形。植物的花形丰富多彩，有辐射状、筒形、漏斗形、高脚碟状、蝴蝶形、唇形等形态（图2-33）。

② 花色。自然界的花色斑驳陆离，夺人眼球。植物花色中最多的是白色花，其他的还有黄色、红色、蓝色、紫色、绿色、橙色、茶色、黑色，以及不少混合色的花朵（图2-34）。

花瓣里含有叶绿素、类胡萝卜素及花青素。花青素对花色起到重要的作用。花青素在酸性条件下呈红色，碱性条件下呈蓝色，碱性较强时呈蓝黑色，中性条件下变为紫色，通过类胡萝卜素的配合形成黄色、红色或橙红色的花色。当花瓣中不含任何色素时，细胞间的气泡将各种光波都反射了出来，就呈现了白色的花朵。

观花植物具有花期，因此需要预先将时间因素考虑周全，以避免花朵凋谢后造成的景观“真空”阶段。

图2-34 花期具有季节性，绿化设计过程中往往会对整年所用到的开花植物有一个统筹，这样才能做到季季有景，色彩不断

（4）观果

观果植物指果实形状或色泽具有较高观赏价值的植物。观果植物的果实有的色彩鲜艳，有的形状奇特，有的香气浓郁。我国的室内绿化设计中常通过挂满枝头的果实传达硕果累累的寓意。观果植物可通过成熟的果实弥补花期的不足，也可剪取果枝，丰富插花的效果。

室内绿化设计常选用的观果植物有佛手、花石榴、火棘、金桔、南天竹、黄金果等（图2-35）。

图2-35 运用观赏橘作为绿化装饰，满盆的果实寓意成果丰硕

2.3 植物的生长习性

室内空间无法完全还原天然的生长环境，因此室内绿化设计多选择那些更能适应室内环境的植物。

2.3.1 生命周期

植物按生命周期可分为一年生植物、二年生植物及多年生植物。一年生和二年生植物都属于“暂时性”的植物，与它们竞争的是“永久性”的多年生植物。

（1）一年生植物

一年生植物顾名思义生命周期在一年内完成。一年生植物的一生经历了从种子到发育成熟，再产生种子，并为下一代散播出去直至死亡的过程。它们利用短暂而迅速的生长过程大量地储存养分，以供开花结果。此类植物皆为草本，人们常称之为一年生草本植物。一年生观赏植物有虞美人、凤仙花、翠菊、向日葵、鸡冠花、太阳花、醉蝶花、黑种草、波斯菊等品种。一年生植物的色彩大多比较艳丽，开花较快（图2-36、图2-37）。我们饭桌上的水稻、花生、大豆、辣椒、茄子、番茄、玉米、小麦、南瓜、红薯也是一年生植物。

一年生植物的生命周期虽然是在一个自然年内完成的，但其实这只是一个统称，事实上不同品种的生命周期仍差异较大。寿命较短的植物一般只能存活两到三个月，寿命较长的品种则能超过一年。

依照生长季节的不同，一年生植物又可分为两类：夏型一年生植物与冬型一年生植物。夏型一年生植物的生命周期在春天至秋天之间，如紫茉莉的花期为6~10月，果期为8~11月；千日红的花期与果期为6~9月；醉蝶花的花期在6~9月。而冬型一年生植物又称越冬生植物，通常在晚秋发芽，冬季紧贴地面生长，以积雪或覆盖物作为庇护，在早春雪融时迅速开花结果。

图2-36、图2-37 鸡冠花与向日葵是常见的一年生植物，它们的色彩艳丽，绿化装饰效果强烈

图2-38 矮牵牛是二年生草本，开一季花。矮牵牛的花期很长，从春季可开到秋季，如果冬季的气温较高，也可以开花。矮牵牛的花语是“安心”，预示家庭幸福、和谐安宁，非常适合家养

图2-39、图2-40 常绿乔木的玉兰与落叶乔木的樱花都是园林中常见的树种

（2）二年生植物

二年生植物指在两年内（两个生长季节）完成生命周期的任何非木本植物。通常第一年植物会完成发芽、长出根茎及叶的生长阶段，将养分蕴藏在根内，在冬季进入休眠，并于翌年春天进入生长及繁殖阶段，届时植物才会开花、结果并散播种子，直至消亡。二年生植物与一年生植物一样，一生中只会开一次花结一次果。园林上常用的二年生植物有桂竹香、三色堇（蝴蝶花）、矮牵牛、瓜叶菊、石竹等品种。甜菜、胡萝卜、白菜类、甘蓝类、葱蒜类、菠菜、芹菜等品种的蔬菜也是二年生的（图2-38）。

（3）多年生植物

多年生植物是指个体寿命超过两年的植物。大部分多年生植物会在一生中多次开花结果。

① 乔木与灌木。乔木及灌木都是多年生的。多年生乔木根深粗大，根须发达，能吸收深层土壤的水分，因此需要一定体量与深度的种植空间。多年生植物的花期间隔往往较长，因此选择叶形或株形比较好看的品种很有必要。乔木按冬季或旱季落叶与否分为落叶和常绿乔木（图2-39、图2-40）。

常绿乔木指那些终年长有绿叶且植株较大的木本植物，这类植物叶片的寿命通常为两至三年或更长。部分常绿乔木老叶未脱落就开始长新叶了，给人一种不会落叶、终年常绿的印象。常绿乔木由于四季常青，具有“冻龄”之美，因此常用于园林与景观设计的背景或桩景。常绿乔木有广玉兰、白皮松、天竺桂等品种。

落叶乔木一般指温带树种，这类树种每年秋冬季或干旱季节叶片会完全脱落。落叶乔木又称彩叶乔木，因为在秋季植物的叶片会改变色彩，这是由于日照缩短以及温度降低引起植物内部生长素减少、脱落酸增加的缘故。落叶乔木有梧桐、银杏树、水杉、樱花、梅花、山楂、梨、苹果等品种。

园林上常将落叶和常绿乔木搭配使用（落叶乔木为中景，常绿乔木为背景）。在秋季，常绿乔木单纯的色彩可以衬托落叶乔木丰富的叶色；当冬天落叶乔木只剩树枝的时候，背景的常绿乔木可以使园林仍有景可观（图2-41）。

② 亚灌木/半灌木（图2-42）。亚灌木或称半灌木多指比灌木矮、枝条匍匐的木本多年生植物。这类植物地面枝条冬季枯萎，来年春天重新萌芽。许多蕨类植物为亚灌木，薰衣草、百里香和杜鹃花科的很多植物如小红莓属于亚灌木，还有菊科的蒿属、金丝桃科金丝桃属的植物也是亚灌木。

图2-41 日式园林中常将不同类型的落叶与常绿植物搭配在一起

图2-42 由亚灌木的蕨类植物打造的花园一角

③ 宿根植物。宿根植物也是多年生的。宿根植物指地上部分保持终年常绿状态，或地下的宿根（根茎、鳞茎、块根等器官）可以休眠越冬（或越夏）后再度持发芽、生长、开花的多年生草本植物。园林与景观中常将具有观赏价值的宿根植物称为宿根花卉。宿根花卉又可分为常绿宿根花卉和耐寒性较强的落叶宿根花卉。常绿宿根花卉有麦冬、红花酢浆草、万年青、君子兰等品种。落叶宿根花卉有菊花、芍药、桔梗、萱草等品种（图2-43）。

图2-43 前景为多年生松果菊的花园一角

宿根花卉管理粗放，具有较强的耐寒性，能够适应环境及季节的变化及时开花、及时休眠，在造景上较为高效，一次种植后可以数年乃至数十年开花不断。

2.3.2 生长要素

（1）光照需求

阳光是一切植物产生叶绿素的源泉，可以说没有光就没有健康的植物，室内绿化设计也就无从谈起。

我们熟悉的自然光可分为晴天下的直射阳光与阴天的散射光。光照的强弱根据地理位置和季节的变化而变化：纬度越高光照越弱，纬度越低光照越强；夏季阳光强度大，冬季则反之。根据植物在自然界中所需的光照强度，植物又分为阳性植物（喜光植物）、中性植物与阴性植物（喜阴植物）。

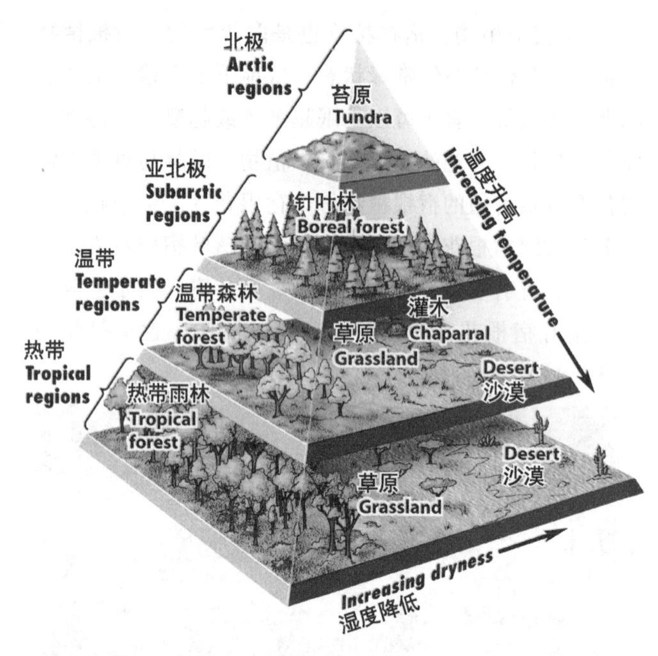

图2-44 植物光照、湿度、温度层级的分析模型

图2-45 室内绿化设计由于具有建筑屋顶的保护，因此在植物生长温度这一条件上选择范围较广

① 阳性植物。阳性植物在直射阳光下才能生长或生长良好，而在阴蔽和弱光条件下则会生长发育不良。这类植物具有短节间、叶小、叶质厚、叶片表面具有蜡质或绒毛等特征。乔木、灌木都属于这个类型，草原、沙漠植物、多浆植物、开花植物和一般的农作物也都是阳生植物。阳生植物一般需要空旷的种植场地，以接受充足的日照。

② 中性植物。中性植物大多产于热带与亚热带地区，一般适宜光照适中的环境。其实，中性植物也喜欢光照，在阳光充足条件下中性植物生长发育良好（但也能耐阴）。根据不同的光照强度，植物的叶片会有所差异。中性植物在夏季阳光直射的情况下需要适当遮阴。但总的来说无论光照强弱中性植物一般都能生长与开花。这类植物有君子兰、吊兰、马蹄莲、天竺葵、薰衣草等品种。

③ 阴性植物。阴性植物（阴地植物）害怕强烈的阳光，在以散射光为主的阴凉环境下生长良好，因为阴性植物在自然界中多生长在背阴或热带森林间较为阴湿的环境中。阴性植物的叶片相较阳生植物要薄，枝繁叶茂，体内所含水分较多。我们熟悉的绿萝、瓜栗（发财树）、袖珍椰子、八角金盘、龟背竹、万年青、常春藤、秋海棠、杜鹃等都是阴性植物，大部分的蕨类、天南星科、兰科、竹芋科等也属于这类植物。

（2）温度因素

除了光照，温度也是决定植物能否健康生长的重要因素之一。植物和人一样，夏天会热冬天会感到寒冷，当超过它们可以忍耐的温度极限后就会生病甚至死亡。根据纬度的高低，植物的产地分为热带地区、高山或寒冷的严寒地区，以及介于二者之间的温带地区。依据不同的温度区间，植物的分类如下（图2-44、图2-45）。

① 耐寒植物。耐寒植物冬季能忍受-10℃甚至更低的温度，这类植物能在北方的室外安全越冬。耐寒木本植物有牡丹、丁香、锦带花等品种，草本类的有芍药、荷包牡丹、荷兰菊等品种。

② 喜凉植物。喜凉植物一般能忍受-5℃而不受到伤害。喜凉的木本植物有梅花、桃花、月季等品种，草本类的有菊花、三色堇、紫罗兰、雏菊等品种。

③ 中温植物。以我国为例，中温植物指在长江流域以及以南部地区能在室外安全过冬的品种。木本苏铁、山茶、桂花、栀子花、含笑、杜鹃，草本报春、金鱼草、矢车菊及部分兰花等品种都是中温植物。

④ 喜温植物。5℃以上才能在室外安全越冬的植物称为喜温植物。木本中的茉莉、三角梅、白兰花以及大多数的花草都是喜温植物。

⑤ 耐热植物。耐热植物多产于热带、亚热带，这类植物一般能忍受40℃高温，当温度降至10~15℃时状态就不理想了。大多室内观叶植物如凤梨、变叶木、竹芋、白掌、米兰、扶桑、仙人掌等品种都属于这种类型。

（3）水分/湿度要求

植物的生长离不开水分，定期浇水才能保持植物的健康，这是必须尊重的植物生长规律。不过不同的植物对水分的需求量也有所区别。根据植物对水分的需求以及生长环境的湿润程度，植物一般分为水生植物、湿生植物、旱生植物和中性植物四类。

① 水生植物。该类植物分为挺水、浮水、沉水等类型，本章2.1部分中已做了介绍。

② 湿生植物。湿生植物多生长在沼泽、池塘边的湿地区域。园林与景观中常用的品种有水生鸢尾、水生海芋、菖蒲等。

湿生植物还有一类为热带雨林植物，其中有我们熟悉的蕨类植物，还有板状根乔木、气生根植物、藤本类植物等。这类植物的生长环境中，全年雨量分配均匀，空气相对湿度可以达95%以上。雨林缸造景多是模拟这样的气候环境，并选用雨林植物中的积水凤梨、空气凤梨、蕨类以及苔藓来表现微缩雨林景观。

③ 旱生植物（图2-46）。旱生植物原产地为沙漠等干旱地区，这类植物能在干旱地区保存体内水分以维持生存。仙人掌类的植物、景天、龙舌兰、芦荟等多浆植物都属于旱生植物。旱生植物需要充足日照才能生长良好，养在室内的多肉由于没有充足的阳光容易徒长。

④ 中性植物（图2-47）。中性植物对水分的要求介于湿地和旱生植物之间，表现为需要较多水分，但又怕根部积水，一般在湿润但又排水良好的土壤环境中生长。中性植物有扶桑、五针松、石榴、桃、梅、君子兰、秋海棠等品种。中性植物是室内绿化设计中重要的一类植物材料。

2.4 人的感受

室内绿化设计在选择植物时不但要考虑空间的视觉效果，还要考虑人的各类感受，这样才能够达到视觉与身心的统一。

图2-46 旱生植物在日照充足的情况下才能颜色艳丽

图2-47 中性植物是室内绿化设计中重要的植物材料

表2-1 我国重要节日中的装饰植物

节日	装饰植物
春节	瑞香、水仙、仙客来、吉庆果、君子兰——吉祥如意
清明节 / 哀悼日	柳枝、白菊花、百合、马蹄莲、柏枝——祭奠逝者，安慰生者
重阳节	菊花——表庆祝
冬至	柏树枝——迎接冬天来临
六一儿童节	粉色或淡黄色鲜花——祝愿儿童健康成长
八一建军节	苏铁——歌颂战士英勇顽强
国庆节	一串红——热烈与祝贺
结婚	万年青——情意绵长，永远幸福，大枣、花生、桂圆、栗子——早生贵子
小孩生日	碗莲、长春花——长命富贵
宗教场合	黄牡丹、月季、芍药、菊花——表尊敬

表2-2 国外节日及习俗用花

节日	习俗用花
情人节	红色月季、康乃馨、玫瑰——浪漫
复活节	白色百合——告慰死者
母亲节	康乃馨、月季、茉莉——报答养育之恩
父亲节	铁线莲、花叶常春藤——表祝福
万圣节	象征色橙色的南瓜——制作面具及装饰，表庆祝
圣诞节	欧洲冬青、云杉树做的圣诞树——表达恩惠，欧洲冬青、红果实、各色花朵彩带做的花环——驱除妖魔、爱的永恒，一品红——驱除妖魔，麦穗——年年丰收、富足与幸福

表2-3 我国植物的寓意

植物	寓意
橘	谐音“吉”，金橘——发财、四季橘——四季平安、朱砂红橘——吉星高照
苹果	平安、吉祥
水仙	以“仙”字表达吉利
菊	与“久”谐音，象征长寿与长久
万年青	万年长青以图瑞祥，健康长寿，爱情万年长青
桂	与“贵”谐音，表富贵、连生贵子
兰	象征和谐、万事如意
杏	民间用来祝科举高中
石榴	多子
桃	长寿象征
梅	岁寒报春，吉祥喜庆
竹	与“祝”谐音，表祝福平安
松	长青，延年益寿

2.4.1 心理感受

在我国，古人常常通过“托物言志”“寄意于物”来含蓄地表达作者的情感与意愿。植物不仅仅是欣赏的对象，还成为一种抒发情感、祈求幸福的载体，并且还被赋予一定的寓意。看似单纯的植物迸发出了更深层次的内涵（表2-1~表2-3）。

无论是国内还是国外，植物都包含了不同的寓意，还能适应不同的节日与主题，以营造出特有的气氛。

2.4.2 生理感受

我们都知道，植物具有净化空气、改善环境的作用。但有些植物若选用不当或接触不当（因人而异）会使人产生不适之感，而有的则会影响人的健康。

如兰花的香气会使人兴奋而失眠；紫荆花的花粉可能导致哮喘；月季花的香气会使人胸闷不适，并产生呼吸困难之感；含羞草的草碱成分会导致皮肤病；接触水仙花的汁液会引起皮肤红肿，误食会引起诸如腹泻、发热、痉挛等症状，甚至可能致死；海芋（滴水观音）的汁液误食后会引发中毒反应。

居室空间，尤其是卧室，不适合摆放大量的植物，因为植物在夜间呼吸作用产生的大量二氧化碳会使人感到胸闷头晕，长期在这样的环境中睡眠久而久之会影响人的工作与生活状态以及人体的健康，这也是卧室不适合摆放大量植物的重要原因之一。

2.5 如何筛选植物

如何选择室内绿化设计所用的植物是设计师一项重要的任务。植物有当地的、跨地域的、外来引进的、改良的品种，且每一个类型植物的品种数量也非常庞大，最终要选用哪一种植物，主要围绕设计构想与最终呈现的效果、场地的尺度与植物规格间的相互关系、植物对于环境的适应能力等诸多方面展开。

室内绿化设计选择植物的过程是一个遵循逻辑的过程，需在目标与制约中层层筛选，筛选的层次越多越细，最终确定的植物也就越准确。筛选植物是一个不断提问的过程。以下列举了一套筛选植物的方法，正所谓筛网的层次越多，筛得越细（图2-48、图2-49）。

· 空间的功能/设计的核心理念

（设计之初）空间将来会用于什么功能？需要呈现何种视觉效果与风格特征？

·绿化设计的目的与目标（绿化定位）

（开始设计阶段）绿化是装饰吗？绿化参与何种使用功能？标识？导向？绿化是否需要表达文化内涵？

·时间因素

（设计深化阶段）绿化是否需要快速成景？移栽后的植物是否有充足的养护时间？季节性的植栽效果如何考虑？是否对整年所使用的花卉有一个规划？

·植物的生长环境因素

（植物配置阶段）地域的气候条件？室内各项环境指标，如采光与温度是否有利于植物的生长？

·获取植物的途径及是否能找到合适的植物品种？

（施工准备阶段）设想中的植物是否有货源？品质、形态如何？运输、成本是否可控？

·技术因素

（穿插于设计过程中）若无法达到后期养护植物的各项技术支持，是否要调整方案？是否要不惜代价运用技术以保证植物的状态？

·维护与管理因素

（后期）是否会有养护？养护技能是否合格？

虽然设计的方法一般有着一定的先后顺序，但筛选植物的过程可以不完全受此制约，因为筛选植物的过程其实是一个相互影响、相互制约又反向作用的过程。也只有这样反反复复地操作，才能找对植物。

筛选植物的工作需要在理解各项室内绿化设计的原则与方法的基础上展开。虽然将该部分内容放在本章稍“为时过早”，但读者可以带着问题阅读接下来的章节寻找答案，并将所有的要点串联起来。

图2-48　筛选植物的过程图

图2-49　办公建筑阶梯空间一角，墙面及阶梯都应用了大量绿化

2.6 本章小结

从生物学角度而言，植物的分类繁多，命名方式更是十分专业，但从室内绿化设计角度而言，选择植物的工作大部分情况还是从形态、搭配效果角度切入，当然其中还有着技术的干预，还需充分考虑人的感受。面对种类繁多的植物领域，其实那些用于绿化设计的植物品种早已经得到了园林专家们的提炼，常用的植物组合也有不少案例可以参考并有规律可循（图2-50）。

本章从形态以及习性的角度分类介绍植物。本章列举的筛选植物的方法可以作为一种思维方法，供读者在实际设计中参照使用。

对于初学者而言，在室内绿化设计中如何更快地确定植物，建筑大师路德维希·密斯·凡德罗提出的“少即是多”（Less is more），也许是个不错的答案。

图2-50 厂房改造的展示空间中使用了大量的植物柔化了建筑结构

思考与延伸

1. 哪几种类型的植物更适合用于室内绿化设计？
2. 多年生植物与一年生、二年生植物的特点是什么？
3. 留意观察身边的植物群落，明亮场所与阴暗场所的植物品种有什么规律可循？
4. 有哪些方法可以筛选植物？

第 3 章　室内绿化设计的原则

室内绿化设计以植物为材料，以空间为载体。为获得一个良好的视觉及使用效果，整个设计需处理场地、视线、功能、材料以及植物生长习性等诸多方面的因素。只有了解这些因素间相互作用、相互影响的原则，设计才能形成一个有机的系统，真正的设计工作才得以展开。通过这种方式引导的室内绿化设计目的只有一个，即达到植物（生长状态）—空间、功能、材料—美学、艺术—人等几者的统一。

本章从设计中比较实用的空间、功能、美学、植物习性等方面入手介绍室内绿化设计的原则，其中还包括与植物的生长息息相关的时间与维护原则。

3.1　空间原则

室内环境设计以特定场所为依据，室内绿化设计同样遵循这一原则。室内的场地，包括与室内相联系的室外部分（如视线通廊、灰空间、拓展场地等）都属于环境的一部分。除了空间外，与场地有关的各种要素，如历史背景、文化、发生的事件以及委托人的喜好都与设计的结果息息相关。在开展设计工作前需对这些要素进行系统性的收集与分析，并做出取舍，这样才能更合理地搭建起整个设计架构。

3.1.1　充分利用既有空间

室内绿化设计需用全局的眼光观察空间，并且充分利用既有的空间，而非仅局限在植物这种材料上。

建筑除了外壳外，内部还有无数的子空间，在建筑设计阶段建筑师已经确定了这些空间的形式与功能，如共享空间、下沉空间、阶梯空间、天桥，还有如大厅、连廊、楼梯、过道、阳光房以及室内外交界的灰空间等。室内绿化设计的要义之一就是利用好这些“地形”来开展设计工作，这就好比景观设计会充分利用场地的平面、坡地、台地来塑造不同的效果一样。

善于观察与分析这些空间，并关注空间与空间的联系往往会给设计带来启发。如利用大厅空间的背景规划垂直绿化以形成视觉端景、利用共享空间的高度优势悬挂装置绿化、运用阶梯空间设计台地景观、利用阳光房营造绿化温室的效果等（图3–1）。

图3–1　绿化设计与旋转楼梯充分地结合了起来，人们在走楼梯的同时就能欣赏到植物，共享空间周围办公的人们同样也能欣赏到绿色

图3-2、图3-3　采光与视觉端景效果良好的两组室内绿化

3.1.2　选择合适的“区域”规划绿化

室内空间中存在着无数潜在的可以规划绿化的区域。善于分析空间，有目的地将这些区域寻找出来并梳理出一条具有联系的脉络，这样才能调动起每一处空间的设计潜能。

室内绿化的选址问题不仅要考虑美学，还需从功能、视线、动线、分区等诸多方面切入，这样才能合理地利用好每一处室内空间，这就好似在进行复杂的规划设计一样。室内绿化的选址问题还需考虑植物的生长要求，因为毕竟植物是一种有生命的材料。室内绿化设计常见的规划位置如下，但也不限于这些位置。

（1）拥有良好自然光的位置

植物的生长需要阳光，将植物规划在光照良好的区域如落地窗边、阳光房或拥有采光的中庭区域是室内绿化设计再理想不过的了。

（2）视觉端景

视觉端景是在空间中与人的视线呈约90° 的一个区域。这个位置的绿化让人不用大幅度地转动头部便能欣赏到景致。视觉端景可以是一面墙、一扇窗，也可以是一个空间、一个区域等（图3-2、图3-3）。

（3）通行动线/空间交叉处

在过道或空间交叉处（大堂或门厅、电梯厅、走廊交汇处）规划的绿化因为人流的关系识别率会很高。但一般情况下这些区域的绿化不得影响交通（图3-4）。

图3-4　走廊一侧，富有自然气息的室内绿带

图3-5　商业中庭中的树池与桌子结合在了一起

（4）节点空间

节点空间，如商业中庭、博物馆的休息厅等位置是建筑中比较开放的空间过渡区域。这些空间一般具有一定的面积优势，有的还有高度优势，因此在这些区域规划绿化有比较大的设计余地（图3-5）。

（5）阴角空间

阴角空间包括凹字形空间以及内转角空间。阴角空间由于有着轮廓包围，从图形的正负角度来说，内部的植物更容易被看到。建筑中的很多内转角空间一般利用率不高，在这些区域规划绿化正好可以起到充实空间的功能。阴角空间具有安定的特性，规划的植物一般不会影响到交通（图3-6）。

（6）视线通廊

视线通廊是建筑中能够联系两个区域的一段视觉空间。这个区域一般比较开放，规划在此的绿化可以经由多角度欣赏。对于一些较狭长的视线通廊，如连续开阔的酒店公共空间或餐厅敞廊，引入的绿化还可以起到很好的补景功能（图3-7、图3-8）。

3.2　功能原则

植物是一种材料，因此植物在实现观赏功能的同时还能在实用性上获得令人意想不到的效果。室内绿化设计将植物的实用性与美学巧妙地结合在了一起。

图3-6　餐厅中的落地盆栽充了实阴角与凹空间

图3-7、图3-8　办公与餐厅的过道比较空灵，规划在其中的植物正好起到了补景的作用

图3-9 阁楼的室内外空间都摆放了植物，这样可以有呼应

3.2.1 实用功能原则

植物具有实用功能，而不仅仅只是一件装饰品。植物除了视觉上能创造的自然氛围外，还有着参与使用以及塑造空间的多种功能。就这些角度而言，其实植物与其他的建筑材料一样。植物的功能如下。

（1）塑造空间

① 空间过渡（图3-9）。在室内与室外交界的位置如阳台、露台、室外走廊、门厅、灰空间等处规划绿化，可实现空间过渡、弱化空间界线的功能。室内绿植与室外的绿植产生了呼应，室外的绿化又成为室内的借景对象，整个室内空间从视觉上获得了向外的延伸感。

② 调整空间尺度（图3-10）。植物可以调整不少中庭带给人的过于高大空灵的感受。许多火车站、飞机场、办公以及博物馆等的中庭空间非常高大，其中的人们会感到非常渺小。设计师常会在人的活动区内规划几棵树，这样可以提供人们一个尺度宜人的休息场所。

③ 充实上部空间（图3-11）。一些高耸的空间会摆放或悬挂绿植，设计运用了植物下垂的形态填补这部分空间，使视觉上更显饱满。

图3-10 博物馆中庭种植的乔木为人们提供了一处休息空间

图3-11 垂挂的绿化将过于开阔的中庭上部空间充实了起来

④ 点缀空间。盆栽植物具有装饰空间的功能，而那些富有艺术气息的绿化作品，如插花、盆景、微景观或花艺更具有艺术上的价值。富有艺术气息的绿化作品为空间起到了画龙点睛的作用（图3–12）。

图3–12　商业空间中干枝与假花将平淡的顶面装饰了起来

（2）隔离屏障

绿化同户外的绿篱一样也可以起到分割、界定空间的功能。如在功能分区的交界处摆放线形植物，可以避免两个区域的相互干扰；通过植物围合组团，可以限定一定的活动范围；在室内水景边摆放植物，可以提示人们注意安全。绿植屏障通过将植物替换传统材料的方式，既保证了空间分区的功能，又在视觉上体现了一种自然的景致（图3–13）。

图3–13　办公空间中的绿篱成为工作区与过道间的屏障

（3）标示与导向（图3–14、图3–15）

① 引流。在开放空间运用植物界定通行区的边线可以设定临时的通道范围，以起到引流作用。

如在开放的大厅用盆栽摆放出通道，可以组织人流。对于既有的但导向不明确的通道，这种方法则可以起到加强边界线的作用。

② 标示。植物具有特殊的形态与色彩。相较传统的材料，它们更能吸引人们的注意，这种效果很容易达到标示与集合点的功能。

图3–14、图3–15　酒店大堂两侧摆放的盆栽将客人引向海滩。商业的临街面设置了垂直绿化，在吸引人们目光的同时成为一道街景

图3-16 白色与绿色植物使得婚庆空间显得纯净与素雅

图3-17 核心符号为植物图案与色彩设计的餐饮空间中，植物选用了来自热带的鹤望兰，并配以亚光的花盆使其质感契合空间

（4）娱乐功能

植物可以提供人们活动的场地与道具。植物的娱乐功能已在第1章1.3部分中做了介绍。

植物的娱乐功能还表现为可以调节心理，使人们情绪稳定，令人心情舒畅。据研究，若人的视野中有占据一定比例的自然绿色就能缓解眼部疲劳。良好的室内绿化环境还可以使人们在紧张的工作中获得放松。

3.2.2 植物与场所功能相适应

设计师应充分了解空间的功能，以选择对应的植物。如活动空间的植物需以不伤害身体为原则，因为有些树叶尖锐，存在潜在的割伤危险。在设计幼儿使用空间时不能选择有毒的植物以免孩子误食，可在中庭规划一棵树，这样可以为孩子们提供娱乐空间。在疗养场所选择的植物应生长稳定，以尽可能减少维护工作对病人造成的影响。一些咖啡店需要营造安静、温馨的氛围，植物色彩的选择上应以稳重、不浮夸为原则。婚庆空间则需要用热烈或素雅的色彩来衬托氛围（图3-16）。

3.3 美学原则

3.3.1 符合设计核心理念（从零起步）

室内绿化设计需与空间的核心理念同步发展，不可分割对待。室内绿化设计虽然以植物为原材料，但其并没有脱离室内设计的范畴。如果将室内设计比作是一个完整的系统（母体），其中的每一个单位都遵循着某种规则的引导，作为其中一个单位的绿化设计（子体）必将受到这种规则的制约，没有脱离核心理念的纯粹室内绿化设计。如在材质、色调明确的室内设计构想中再融入绿化，那么植物的形态、色彩，花器的形式与材质就必须符合空间的主题或作为一种补景（图3-17）。

3.3.2 与各单位进行搭配（绿化改造）

（1）与环境统一原则

对于那些空间已经设计完成，需要再融入绿化的室内绿化改造项目，需要先对原始环境中众多的符号与环境特征进行提炼与分析，再加以运用。

一些旧厂房、仓库或高技风格建筑的改造项目中，绿化的形式、叶片大小、植物的形态以及花池或花架都需反复推敲，室内绿化设计的出发点便是如何巧妙地结合这些元素设置绿化，即使是新增的花架及新的装饰材料，也会尽可能契合原始场所的造型与质感，且绿化的位置以不破坏既有的空间及功能为原则（图3-18）。

这种融入环境的、尊重环境的设计是许多设计师乐此不疲的工作。

家居空间的绿化改造会充分考虑房间的比例与尺度，选择对应形态的植物，并选用与室内材质与风格相同或相近的花器，还会根据空间功能选择植物。如卧室空间不会配置大量的、香气会产生过敏的品种。

（2）突破环境的原则

室内绿化改造除了顺应环境外，也可以突破既有环境。如果原有的环境比较平淡，元素基本没有规律可循，绿化设计是否还需要遵循这样的环境特征？显然不用。新增的绿化完全可以成为一处“地标”来引导空间发展。这种绿化设计可以是一层表皮，将杂乱的环境遮挡起来；也可形成一定的体量，与原始的环境形成一种“抗衡”关系；还可将绿化作为色块来处理，用大片的绿色来稳定琐碎的空间。

3.3.3 选择形态优美的植物

除了个别追求另类的委托人会选择那些新奇的、市面上不常见的怪异植物外，一般从雅俗共赏的角度而言，室内绿化设计多选择那些株形秀美、叶片致密的植物或花卉作为材料。世界上的植物品种丰富，园林学家们经过不断地提炼、改良为我们培育出了习性稳定的植物。同时，这些常用的植物也是经由大量的园艺家及设计师的经验总结出来的，室内绿化设计多是从这些品种中选取合适的植物进行造景。

3.4 植物生长习性原则

3.4.1 植物的适地性原则

室内绿化设计应尽可能就地取材（植物），或就近选择植物。这是一种高效获取素材的方法，也是一种尊重植物生长习性的方法，还是一种非常“接地气”的设计方式。不少设计师都喜欢使用。

“就地取材”一般会选择当地的植物或运用当地成熟的植物群落组合形式。“就地取材”还可以理解为在基地周边的苗圃挑选植物，这样设计师可以亲自考察当地丰富的植物品种，以便于及时更新植物列表，弥补图纸中的不足。有时苗圃中的新品种以及供货商的建议也会对设计产生启发（图3-19）。

图3-18 顶面高技风格明显的餐厅一角。花盆选用了金属桶，花架采用了金属网，两者都与钢构暴露做法的顶面元素非常呼应

图3-19 苗圃迷迭香区一角。考察苗圃常常为设计师带来灵感

长途运输植物需要必要的保温措施，会增加物流成本，还会提升运输过程中植物脱水造成的损耗风险。就地取材的植物移栽后能更快地适应当地的温度、湿度、土壤与水质等因素（图3-20）。

当然，随着如今技术的成熟，植物的运输以及移栽技术都有了极大的升级。如果撇开成本，跨境乃至跨国调取植物的案例仍不少见。

3.4.2 选择适合室内生长的植物

室内绿化设计需考虑那些适合在室内生长的植物，本着科学的态度进行绿化设计。植物与人一样，如果温度、湿度不合适就会生病枯萎甚至会死亡，这会极大地影响设计效果。因此，室内绿化设计常会根据室内环境的参数以及可获得的技术支持反向推导来选择植物。

（1）适合室内照度的植物

室内空间无法同户外空间一样获得充足的阳光，或是获得阳光的时段有限，因此室内绿化设计首选那些耐阴植物或中性植物作为素材，因为这类植物对光照强弱的适应力比较强（图3-21）。

光的照度单位为勒克斯（lx）。晴朗的白天照度在10000lx以上，即使阴天也有2000~5000lx。日间办公室、营业场所、正门大厅的照度为750~1500lx，礼堂、会客厅、餐厅、娱乐室、电梯厅的照度只有300~500lx。

图3-20　垂直绿化中的植物一般都是提前用小盆栽好的，施工很快

图3-21　咖啡店中的主体植物是耐阴常春藤，温郁金为空间增添了色彩

肉眼看似明亮的环境其实对于植物而言远远不够。例如对于阳性植物如多肉（需6h日照甚至是全日照）这显然是不够的。这也是室内绿化设计在没有人工补光的情况下，多选择那些耐阴植物的重要原因。

室内绿化设计常根据场所的光照环境（包括人工光源）反向选择植物。在光照充足的场所（光线充分，能长时间接受阳光），如居室的南向阳台、窗台，或公共空间的中庭或挑高空间中规划阳性植物（变叶木、彩叶草、花叶榕、斑叶万年青等）；在朝北的阳台或窗边（半阴、散射光场所）规划中性植物（龟背竹、冷水花、文竹、秋海棠等）；在较深的室内空间（较为阴暗但仍有光照）规划阴性植物（蕨类、绿萝、网纹草、苔藓、常春藤等）（图3-22）。

通常叶片上有斑纹或者彩叶植物需要较多的光照，花卉需要摆放在更明亮的地方才能开得艳丽。

有了光植物才能进行光合作用，没有完全生活在黑暗环境中的植物，即使是耐阴的苔藓也需要零星的光线才能存活。对于光照无法达标的空间，有时不得已只能使用仿真植物，这也是室内绿化设计不可回避的问题。

（2）浅根系

植物的根系量惊人，因此室内绿化设计多选用那些浅根系的植物作为素材（图3-23、图3-24）。

植物根系分为直根系与须根系。直根系植物的根由一条脉络明显的主根与各级侧根组成。该类植物的主根发育强盛，在粗细与长度方面都会达到一定规模。大多数的乔木（雪松、石榴）、灌木以及某些草本植物（蒲公英、胡萝卜）等都是直根系植物。

须根系植物的根由许多粗细接近的不定根组成。不定根的数量非常惊人，一株成熟的黑麦草约有1500万条根及根的分支，总长度达到了近644km，展开的面积约有一个排球场那么大。

选择那些浅根系的植物一般是基于如下的原因。

① 场地限制。植物需要足够厚度的土层才能固定植株、获得养分并生长健康，但大多数建筑空间往往无法修建一定深度的种植池来满足大型绿化的设计要求。园林中对覆土深度或树池规格有着严格的要求：乔木的树池至少需达到1.5m的长宽高才能满足移栽条件；新建居住区地下室顶板的覆土不得低于1.5m的厚度，否则无法100%计入绿化面积。

在室内空间中，过厚的覆土会对楼板造成一定的压力，工程上对防水以及排水也有一定要求，因此室内绿化设计在大多数情况下只能选择那些浅根系的植物。

图3-22 绿萝是室内绿化设计常用的耐阴植物。该商业空间中的绿萝起到了引导视线的功能

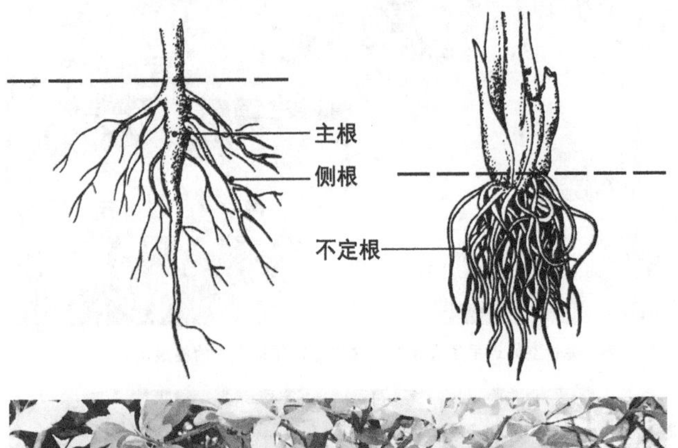

图3-23、图3-24 植物根系分为直根系（图3-23左）与须根系（图3-23右）。植物的根系量惊人，室内绿化设计必须充分考虑该问题

图3-25 餐饮空间选用了大树池，这样可以保证乔木的健康

图3-26 为了减少维护，酒店中的餐厅选用了可以乱真的仿真树

② 影响植物健康。过少的土量不利于植物的健康，因为植物发达的根系若在有限的空间内生长，不久就会拥挤盘结在一起。老根已无力吸收营养，为吸收水肥，新长出的根拼命往四周生长，可是有限的容器内已没有生长的空间。随之产生的则是土壤性质变坏，植株生长不良，叶色泛黄，不开花或少开花。这种情况需要通过修根或换盆来解决。修根或换盆工作需要一定的技术、成本及时间，对于一些小型盆栽来说这也许不是什么难事，但对于那些种在花箱或花坛里的大型绿化而言，这就是一项繁重的工作了（图3-25）。

因此，室内绿化设计在有条件的情况下应尽可能地留足种植池或花盆的尺寸，并且还需要在植株的形态与根系大小中寻找到一个平衡点。

景观设计师常用“1：1法”来判断植物根系的长度或规模，即地面植株有多高，地下根系有多深。虽然这只是一种经验的判断，但不失为一种实用的考量方法。

（3）对人体及空间无“伤害”

前面已提到室内绿化设计中应避免选择那些对人体产生伤害的植物。室内绿化设计还应选择那些不容易得生物原病的植物。因为植物得病后容易生长蚧壳虫、红蜘蛛等寄生虫以及生长真菌，害虫分泌的汁液或排泄物会污染环境，而治疗所用药物多少会有一些毒副作用。

另外，应在采购时就选择那些健康的植株。这类植株首先需无病虫害，以减少日后产生的一系列问题；其次是植株没有得非生物病源，如冻伤、灼伤或肥害等疾病，因为这类疾病往往会产生掉叶、烂叶等症状，对空间造成“伤害”。

（4）生命周期稳定

室内绿化设计应选择那些生命周期稳定的多年生植物，尤其是固定类绿化。因为室内绿化设计是与空间、造型、功能及色彩等方面有机结合在一起的设计，时常衰败的植物会极大地影响绿化的视觉效果。

而另一种情况是应用花卉的问题。花卉常作为一种即时景观来装饰节庆或纪念日等活动，花卉鲜艳的色彩能将这类日子衬托得更加热闹，有的案例是用花卉来点缀空间的色彩。但无论是节日用花还是日常装饰，都应尽可能选择花期较长的品种，这样既可以在一定时段内保持稳定的空间效果，又能适当减少更换植物的频率并节约成本。

如今不少室内绿化设计会选用干花或仿真植物作为材料（图3-26），我们并不否定这种室内绿化设计的方法。因为对于一些没有足够光照的空间，或一些需要控制成本的案例，以及那些需要反复使用植物材料的场所如婚庆与展示空间，这是一种非常实用的方法（图3-27）。

（5）管理便利

如果业主不是一位精通或善于打理植物的人，那么设计师应尽可能选择管理粗放、易于维护的植物品种。但如果想要欣赏到植物最健康、最美丽、最巅峰的一面，日常的维护必不可少，因为没有付出就没有回报。

图3-27　洗手间内的自然采光较差，因此绿化墙选用了仿真植物，植物通过镜子反射出了一个层次，无形中扩大了绿化面积

3.4.3　植物间的组合关系

（1）产地相同/接近

对于复植的室内绿化植物而言，首先应考虑同类产地（纬度）的植物。因为这类植物的生长环境相同或接近，对温度、光照、湿度等方面的要求较一致。另一方面，同类产地的植物形态特征比较接近，植物搭配在一起视觉上比较整体。如在热带雨林温室中栽种仙人掌，植物习性与形态就矛盾了（图3-28）。

（2）习性接近

如今的室内绿化设计中，跨区域或跨国调取植物进行搭配的案例并不少见，但即使是这种方式组合的绿化，也应将生长习性接近的一类植物规划在一起。比如耐旱类植物区、耐阴类植物区、喜湿类植物区等。有些设计将苔藓（喜欢温湿与阴暗）与多肉（需要大温差以及阳光）规划在一起，虽然交付的时候绿化效果貌似饱满，但实则有悖两者的生长习性。

3.4.4　植物的竞争

（1）争夺阳光

室内绿化设计还应考虑植物间的生长竞争因素，通常这类情况是伴随着争夺更多的光而产生的。接近光照上部的植物长得快，叶片越长越大，状态优良，而下部植物由于光照不充分长势缓慢，叶片发黄枯萎，这会导致恶性循环，届时景观的效果就被割裂了。

对于这类情况，合理地安排植物位置就显得尤为重要了，如上部规划小叶片植物，将下部的空间留给大叶片植物。当然设置合理的光照角度也非常必要。

刚移栽后的植物群落往往看不出竞争，植物一旦适应环境后竞争就会出现。这就要求设计师熟悉每一种植物的生长习性，在设计之初就对各类情况有一个时间上的预估，还需拟定一个周期性的修剪计划。

图3-28　楼梯边的垂直绿化选用了雨林中的蕨类、藤蔓类等生长习性接近的植物，因此它们可以共用一套浇灌及灯光系统

图3-29　居家中大量的彩叶植物被应用在了同一处垂直绿化中。每一种植物都努力生长以获得充分的光照，整个场景生机勃勃

图3-30、图3-31　里斯本水族馆内的40m大型水草缸。各类水草争奇斗艳，它们共同展示了丰富的水下世界

（2）绞杀

植物间竞争的另一种现象为绞杀，绞杀通常出现在原始森林中。绞杀植物与被绞杀植物间争夺养分与水分，若干年后，绞杀植物阻断了被绞杀植物的供给，被绞杀植物因无法获得生长所需的物质而逐渐死去。

室内绿化设计中虽然没有如此残酷的竞争，但也有类似现象。蔓延较快的植物如藤蔓植物或一些走茎类植物若不加限制往往会“霸占”所有的场地，有时甚至还会覆盖其他的植物，影响它们的采光，这也算是一种“绞杀”。对于这类情况，设计师常会采用一些品种比较单纯的植物品种配置法，并且还会预留一定的生长区域与种植间隙。

事物都有两面性，植物的竞争不一定全是负面效果。正是由于竞争，各类植物尤其在复植状态下（需配合一定的养护）才能将最好的状态展现出来，从而形成争奇斗艳的绿化效果（图3-29）。

3.5　时间与维护原则

3.5.1　预估成景时间

植物从移栽到成景需要一定的时间，有经验的设计师往往会做一个预估，以便更合理、科学地进行提前作业。植物不像普通建筑材料安装完毕后稍加保洁就能使用，绿化造景需经历从苗圃出货（乔木需要断根、打包土球，有些垂直绿化会洗根）、运输，再到现场的栽种、服土、重新发根、生长、再修剪等多个过程。

长途运输后植物往往会脱水，栽种后也会东倒西歪；有些植物在改变生长环境后还会出现“水土不服”的现象，这需要通过一些时日的维护来帮助植物恢复体力并逐步达到自力更生再成景的状态；一些几何形的人工绿化需要待植物长到一定规模后才能进行修剪，有的则需要经过多次修剪才能获得令人满意的效果。

葡萄牙里斯本水族馆40m的大型水草缸完成后3个月才对公众开放，但造景师仍然觉得3个月时间很紧张，可见时间对于植物成景的重要性（图3-30、图3-31）。

3.5.2　周期性绿化规划

一年中不同时段会有不同的花卉品种，一些观叶植物也会随着季节交替叶色发生变化。

对于应用到这类植物的项目，设计师常会制定一个阶段或是一个整年的植物计划，这样才可以做到季季有景，色彩不断。设计师还会根据不同的季节，将不同色彩的植物安排在空间中最合适的观赏位置。

3.5.3　养护与设备预留

如今有不少室内绿化设计的项目通过人工辅助的方式来保持植物良好的状态（人工补光、自动浇灌、人工加温等）。正是由于这些技术的支持，曾经人们觉得不可能规划绿化的空间，如地下室，也能享受到自然的眷顾，更多大胆的室内绿化作品也应运而生。

为此，室内绿化设计在设计之初就应考虑为养殖设备以及管理维护的工作做空间上的预留。这些技术性的问题有时被忽视了，但也恰恰是这些技术问题成为不少室内绿化设计成败与否的关键。

如果一些垂直绿化设计在前期没有规划给排水管线，连基本的电路都没预留，硬装完成后待园艺单位进行作业时就会发现设备无法工作，若重新铺设管线，花费的成本与时间将是巨大的。

室内绿化设计中需对养护与设备预留的内容如下（但也不局限如下）。

（1）给排水

包括浇灌系统的排水、进水点位预留以及界面的防水、防潮处理（图3-32）。

（2）电器

为人工补光、喷雾、监控以及智能化管理系统预留的电源点位以及铺设无线网络。

（3）遮阳与通风

预留植物所需的通风、遮阴（电动天窗、遮阳帘、新风或者风扇）设施的固定基础，如基层板或龙骨。

（4）结构荷载

结构牢固的植物墙基面，因为长大的植物以及浇灌会增加立面的负荷。在建筑设计阶段就可考虑结构覆土或是水景的荷载问题，以及为树池做降板，这样可以种植更大的植物，绿化设计也可以做得更大胆。

（5）植物修剪及运输场地

修剪大型垂直绿化需桥架或者升降梯的操作场地，以及运输植物的后勤交通，如垂直电梯与大型的后勤出入口（图3-33）。

（6）设备及点位的合理性、美观性

结合设备电源线长度设置插座位置（如插座位置太远，设备电源线则需要重新接线），既要将这些设备巧妙地隐藏起来，又要能兼顾维护作业。

图3-32　室内绿化水景并不只是设计表面的效果，还需要安装水泵、预埋管线并预留电路，这样整个水景才能运作起来

图3-33　大型室内绿化需要预留维护场地

图3-34、图3-35 居家绿化设计中除了设计师的建议外，业主对植物品种的喜好通常也是设计师考虑的重点

3.6 人文原则

3.6.1 场地的人文背景

文化背景不同，同一种植物在不同地区或国家所表达的含义也可能不同。如我国传统文化中一直用黄色菊花象征长寿或长久；而欧洲许多国家忌用白色菊花为礼物，人们认为菊花是墓地之花；日本人也忌用菊花作为室内装饰，日本传统观念认为菊花表达了不吉之意。

业主的喜好与诉求也需认真考虑。如业主提出的那些会睹物思情的植物应避免使用，而业主特别喜好的植物则应结合空间认真规划（图3-34、图3-35）。

3.6.2 植物的感情色彩

室内绿化设计的人文原则还体现在根据不同的节日或活动选择对应的植物，因为植物的品种及花色都具有丰富的感情色彩与寓意，其应用方式见2.4.1部分。

3.7 本章小结

不少室内设计师面对室内绿化设计时会觉得比较棘手，第一反应是寻找一家专业公司设计，其实这是一种割裂的认识。室内绿化设计并没有脱离室内设计的范畴，室内设计中绝大部分关于空间、美学、功能的原则其实都可以在绿化设计中尝试，因为植物也是一种材料。室内绿化设计中很重要的一点是时间原则，因为植物成景一般需要一定的适应期与养护过程；而设备与维护原则也必须考虑，因为若想在封闭的建筑空间中将植物养好，有这两方面的加持，效果还是比较明显的。

室内绿化设计需要不断的实践才能将众多的设计原则融会贯通，才能形成每个设计师独到的思维模式，这样才能指导具体的设计工作。

思考与延伸

1. 规划室内绿化的位置有哪些规律可循?
2. 从零起步的室内绿化设计与室内绿化改造有何区别?
3. 尊重植物生长习性原则的重要性是什么?
4. 除了造景效果外，室内绿化设计还需要考虑哪些内容?

第 4 章　室内绿化设计的方法

确定了室内绿化设计的各项原则后，设计工作才可以展开，真正的乐趣才刚刚开始。

室内绿化设计具有多种表现形式，还能创造不同类型的室内风格，但无论何种类型的室内绿化设计都是在处理植物与空间、植物与植物、植物与材料间的关系问题。大量的美学与设计标准将所有的部分串联了起来，在这其中人的因素也必不可少，因为人是空间的真正使用者。

谈到室内绿化设计离不开景观与园林设计方法，因此本章从室内、景观与园林的角度梳理出一套系统且比较实用的思考与解决问题的设计方法。

4.1　确定绿化风格

室内绿化设计并不是单纯植物设计，为获得一个整体的空间效果，植物的形态、色彩、栽种容器、应用界面以及配合的材料等因素都必须统一考虑，这样才能形成一个完整的设计构想。设计的核心构想作用于绿化设计，绿化设计的效果也反作用于空间。

4.1.1　自然型绿化风格

自然型绿化风格顾名思义是以还原自然、再现自然为主题或风貌的造景风格。这类造景的植物除了必要的修剪几乎不做任何形态上的改变。虽然这类绿化的形式自然，但并不意味着植物可以随意堆砌，相反，所有的植物与元素都必须通过构图、艺术处理等方式精心组织。这样作品才能被赋予设计的意义，因为自然型绿化风格源于自然但又高于自然（图4-1、图4-2）。

图4-1、图4-2　视觉上原生态是自然型绿化风格的重要特征之一

图4-3、图4-4 大型公共空间中的自然型绿化

图4-5、图4-6 具象的人工修剪型绿化装饰感强烈

自然型绿化风格搭配的材料多为天然石材、原木或任何能强调自然主题的材料，植物的容器多由自然肌理的陶制、仿石等材料制作而成。根据植物及配合的材料，自然型室内绿化设计可以形成诸如热带雨林、沙漠、湿地等多种风格的场景（图4-3、图4-4）。

4.1.2 人工型绿化风格

人工型绿化风格常通过强烈的人工干预，如定期修剪等，将那些叶片细小、枝叶致密且园艺效果出众的植物塑造成自然界鲜有的造型。这类风格在景观设计中的代表是欧式园林。这种将植物修剪成几何形的造景方式体现了当时人们“征服自然，人定胜天”的理念。

人工型绿化风格多是为了追求强烈的装饰性、趣味性而产生的。这种绿化的风格同人们印象中的植物形态差异较大，但纯粹的形态却与现代感的空间产生了呼应。设计师常将植物视作是一种“雕塑泥”以便自由地创造形式。如在不少幼儿园设计中植物被修剪或制作成各种小动物，可爱圆润的造型深受小朋友们的喜爱（图4-5、图4-6）。

图4-7、图4-8　将休息台以及隔断结合在一起的功能型绿化设计

人工型绿化还体现了很强的功能性，如隔离与围合用的绿篱。这类绿化通过排列产生了阻隔与庄严感。人工型绿化的功能性就如同芝加哥学派现代主义建筑大师路易斯·沙利文所说的“形式追随功能”一样，首先确定的是如何使用的问题，然后按功能将其设定成对应的形式（图4-7、图4-8）。

4.1.3　创意型绿化风格

创意型绿化设计是一件令设计师着迷的事，也是众多创意的迸发处，创意型绿化风格的特点如下。

（1）形式与构图

创意型绿化的形式与构图在第一印象上与传统的园林存在区别。传统的园林多是以还原自然面貌为主，并辅以必要的道路、休息座、凉亭等设施。创意型绿化多强调一种特色的、富有装置感的形式或特色的栽种容器，以带给人们一种强烈的雕塑感。创意型绿化还常常突破传统的植物栽种方式，如将土培植物吊着种植，这是令许多人意想不到的（图4-9、图4-10）。

（2）情节性

创意型绿化在设计之初会建立一个核心理念或故事情节，并以此为出发点进行延伸，从而形成一种连续的场景效果。情节性的绿化设计不是单纯的、就事论事地解决视觉、功能或动线等问题。

图4-9、图4-10　吊在顶面、装置感强烈的绿化

“色拉吧”是由温室改造成的餐厅，蔬菜成了空间的隔断与立面的装饰，餐具则被设计成铲子与钉耙模样，浇水用的桶子成了装菜用的容器。一个与温室有关的采摘故事串联了整个设计的核心理念（图4-11）。

（3）材质

创意型绿化会大胆地配合使用金属、玻璃、面砖等人工材料，这类材料会与植物间产生一种质感上的碰撞。许多设计师喜欢将植物与金属结合在一起，金属光洁冷峻的表面常与植物叶片滋润、细腻的质感形成了强烈的对比（图4-12）。

（4）花器/种植床

创意型绿化所选用的花器也各具特色，不少设计师喜欢自己设计花器或种植床，因为新颖才是追求，创意才是根本（图4-13）。

图4-11 温室餐厅设计的效果图

图4-12 镜面不锈钢与植物结合在一起的接待空间

图4-13 日式餐厅一角。种植池被设计成了餐区的围合结构

4.1.4 混合型绿化方式

混合型绿化设计顾名思义，是将上述几种方式组合使用。如人工型的场地配合自然型的植物；在装置化的容器种植植物；或是为空间中的一连串植物设定一个故事，使得它们之间有联系。随着如今设计理念的进步与开放，“混搭设计”已不再为我们所陌生，但混合型绿化设计并不意味着杂乱，相反，所有的亮点都是在设计师周密的计算与分析下展开的（图4-14）。

图4-14 自然形态的植物结合人工书桌的办公空间一角

4.2　应用界面及人的视角

在室内空间中可以应用绿化的界面很多，如我们最熟悉的地面（平面）与墙面（立面）。界面的位置不同，设计后的效果也不相同，这就好比园林中将同一类植物分别规划于坡地或台地所带来的不同效果一样。

室内绿化设计若要获得新颖的视觉与空间效果，不妨尝试从建筑中的不同界面中获得启发，这样才能在源头上区分每一处绿化的个性。

4.2.1　地面（平面）绿化

利用平面规划绿化是最常见的室内绿化设计方法之一。平面布局中的绿化与场地、功能、动线间存在着相互作用、相互联系的关系，所有的因素都需合综合考虑，统一处理。

（1）绿化符合场地的平面精神

室内绿化的平面布局应与标准的室内设计平面同步展开。室内平面布局的第一要义是处理空间、动线、功能、视线以及各个节点间的关系。绿化只是其中的一个分支，绿化规划以不破坏这些主线为前提或作为平面的功能或装饰上的补充。如不少大型公共空间会将绿化与休息区域结合，以柔化场地的建筑感，使逗留的人们感到更舒适；一些办公空间为了功能分区的需要将绿化设定为绿篱，以作为一种空间的屏障；而对于平面上那些需要装饰的阴角空间，绿化则起到了充实空间的作用（图4–15、图4–16）。

（2）绿化突破传统平面

另一种情况则是绿化设计的平面突破传统平面意义上的功能或动线等内容。这些设计会在建筑尺度允许的情况下，通过尺度对比、视线对比、特异、穿插等手法打破原始的平面规则，这样可以使绿化形式更灵活，构思也更大胆。

如有些设计将室外庭院搬进室内的入口门厅空间，这突破了门厅必须是一个开放空间的传统认知。设计后，穿插在庭院内的景观道路并不影响人们的正常通行，天然的材料与植物的质感同硬朗的建筑空间产生了对比，令人为之一振（图4–17）。

绿化突破传统的平面使得绿化设计成为空间的焦点与节点，但无论室内绿化与平面间呈现何种有趣的关系，都需建立在充分理解空间的尺度以及使用功能的前提下，以一种合理的、科学的态度展开。

图4–15、图4–16　办公空间中的绿篱起到了限定动线与分区的功能。办公休息空间的绿化与休息处紧密地结合在一起

图4–17　将整个室外庭院搬入门厅是一种大胆的、突破传统的室内设计方法，其中运用了不少景观与园林的设计技巧

4.2.2　墙面（竖向型）绿化

墙面绿化在室内绿化设计中的地位重要，因为墙面具有高度上的优势且设计大小可以灵活多变。墙面绿化的表现形式见4.3.6部分（图4–18）。

图4-18　垂直绿化是墙面绿化的代表

4.2.3　顶面绿化

将植物规划在天花上或者挂在顶面上可以获得一个更新的视角。传统的地面绿化由于受到视线高度的限制往往需走近才能看到，垂直绿化虽能从远处观察，但常给人以二维平面之感。顶面绿化除了能从远距离观察外，还能从各个角度进行欣赏。这种“占天不占地”的绿化形式可以进一步腾出宝贵的地面空间用于规划其他功能。顶面绿化还可以与地面绿化做形式上的呼应，就如同室内设计的吊顶常呼应平面一样（图4–19）。

图4-19　吊顶的植物与原木主材构成了自然风格的饮料店

4.2.4　台面绿化

台面绿化，如桌面盆栽，是一种我们非常熟悉且富有生活气息的绿化方式。台面绿化界面可以是书桌，可以是茶几，也可以是餐桌或床头，窗台也是个不错的位置。台面绿化可以在人们疲劳的时候使人获得放松，顺手的浇水动作又能培养人们对植物的责任感，小巧可爱的植物更是令人们爱不释手。我们熟悉的不少苔藓微景观作品就是以台面绿化的形式展现的（图4–20）。

图4-20　窗边摆满盆栽绿化的台面，花盆都是白色系的，视觉上非常整体，白色花盆可以很好地衬托植物的色彩

4.2.5　人的视角与室内绿化

人是室内绿化设计的重要受众对象，因此，室内绿化设计既要考虑建筑中的应用界面，又要从人的视线角度出发考虑不同形式的绿化效果，还要善于发现那些有趣的、人可以观察到的潜在绿化位置，这样才能进行以人为本的室内绿化设计（图4–21~图4–24）。

（1）平面绿化的视角

居中摆放的绿化具有360° 的人视角，如桩景。

靠墙布置的绿化拥有180° 的人视角，如排列盆栽。

规划在墙角的绿化有90° 的人视角。

（2）立面绿化的视角

墙面绿化，如垂直绿化具有180° 的人视角。

隔断绿化有双面长向主要视角，两短边的次视角。

（3）顶面及空间悬挂的绿化视角

布局在空间中央的吊顶绿化或是悬挂着的绿化具有360° 的仰视人视角。

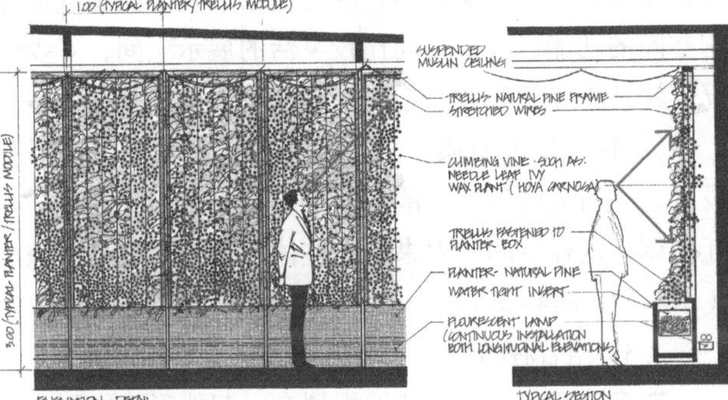

图4-21~图4-24　室内绿化设计不仅仅是简单的平面布局，而是一场空间中的绿化规划设计，每一处的潜在视角都能产生构想

4.3 室内绿化的表现形式

4.3.1　盆栽类

按中国园林的划分，室内绿化可分为盆栽、盆景和插花，它们的共同点都离不开各色的花盆（器）。花盆的材质种类繁多，传统材质有陶质、瓷质、藤质等，现代材质有金属、玻璃、水泥、原木等。花器的造型有圆的、方的、高的、低的、扁的、长的等形式。有的植物可以直接种在花盆内，有的花盆则会当作套盆使用，这样装饰效率会更高（图4-25）。

各类花器与植物的组合构成了盆栽的大家族。

图4-25　盆栽绿化是居家最常见的绿化方式之一

4.3.2　种植池

（1）花坛与花池

种植池是供植物生长的构筑物围合区域。种植池有高低之分，高的种植池称为花坛（台），低的则称为花池（表面与地面平行或稍高出地面）。

室内的种植池多为花坛，因为设计多是在建筑完成后进行的，一般无法通过降板来满足种植池深度的要求，只能往上加高度。如果在建筑设计时就考虑做植栽，可提前做降板处理，这样在后期就可以做花池了。

花坛的体量感强烈，富有雕塑感；而花池则因为没有突出的体量会使空间更显流畅。无论何种形式的种植池，在条件允许的情况下，应尽可能做得大些，这样在后期才有利于植物的生长（图4-26）。

图4-26　商业中庭的种植池做得非常深，这样可以种植大型乔木

（2）种植池的形式、位置与功能

① 与植物根系的关系。因为不同的植物根系深度不同，因此种植池的深度也需对应进行设计，还需尽量做出一定的深度预留。

② 与建筑的关系。种植池通常会规划在空间中视觉效果比较理想、空间效果比较出众的地方，如共享空间、错层空间、挑空空间或阶梯空间等处。

③ 与绿化的造景效果关系。种植池还会根据绿化的形式量身定制。如模纹花坛往往需要一个较大的面积才能表现出复杂的图案；一些主题性的绿化设计，如绿雕，需将花坛的形式与绿雕作品的核心理念结合起来设计，而不会按“均码”打造；小空间却又想表现层次丰富的绿化效果，花坛可以做成较高的退台形式，以充分利用上部的空间。

④ 与功能的定位的关系。种植池与使用功能也有着密切关系。如需将花坛边缘设计成休息座，那么花坛的高度就必须符合人体工程学；绿篱的花坛不能设计得太窄，否则种不了多少植物，因为这会影响阻隔视线或分割空间的功能；对于空间比较灵活的展示空间，不少情况下就只能使用移动花箱来进行装饰了。

⑤ 种植池的材质。除了那些突破环境的室内绿化设计，种植池的材质一般情况下应与室内空间的风格相互协调，这样空间的效果会更整体，设计也更易于理解（图4-27、图4-28）。

（3）组合种植池

造型关联的几个种植池规划在一起能形成组团，还能疏导动线，界定空间，不同空间中形式关联的种植池能将分散的空间串联起来。

图4-27、图4-28　公共空间中的花坛选用了与地面相似的材质

图4-29、图4-30 自然式的水体配上水生植物，再加上其中游动的鱼儿，会呈现出原生态的设计效果

4.3.3 绿化水景

谈到绿化设计不能不提水景。中国传统园林中水是重要的元素，无论何种尺度的庭院，凡是具备条件，都会引入水。即使那些没有条件引入大量水面的空间，也会使用水生盆栽进行装饰。自古以来，水都是艺术家与设计师青睐的伙伴，因为它是重要的自然景观。

（水生）植物与水景结合能形成生机与灵动感的水栖效果，植物还能打破水面的单一与乏味之感。不少室内设计项目都会融入绿化水景，因为绿化水景在形式上可大可小、可繁可简，变化余地巨大。

景观设计中的水景一般分为自然水景、人工水景两种形式。自然水景的植物多布置在水体的边缘，因为这部分在自然界中是斜坡，种上挺水植物可以模拟自然风貌。自然水景的植物色调一般为绿色，但时常也会添加一些色彩柔和的水生或陆生花卉来丰富水景的效果（图4-29、图4-30）。

人工水景的边缘线非常好辨认，一般为几何形。人工水景通常会大胆地引入那些色彩艳丽、装饰性强的水生植物，并将整个绿化水景打造成空间的焦点。

水不是一成不变的，不同表面形式的水与绿化结合形成了动与静、平与波的景象。水景的形式如下。

（1）安静的水

静水是种片状水，平静的水面如同镜子一般。静水是最常见也是比较经济的一种水景形式（图4-31）。

图4-31 竹子、白沙配上镜水使办公中庭显得非常宁静

图4-32 由小喷泉与溢水构成的小水景

图4-33~图4-35 各类溢水小水景，下落的高差能产生出不同的效果

人们常称安静的观赏水体为“镜池”。室内安定的气候环境可以使这种“镜面”的效果保持得更好。

（2）流动的水

流水通常指一个可以循环的水系统。流水顾名思义具有动态效果，又因流速、落差、水深以及表面波浪的起伏产生了丰富的变化。最简单的流水是在静水的基础上增加冲浪设备以达到激起水面波纹的效果。

① 喷涌类水景。喷涌类水景是将水经过一定的压力（由水泵）喷洒出来，以形成一定造型的水景。喷涌类水景动静结合，水姿优美，效果活泼，水泵停止时即为一个静池。喷涌类水景中最常见的形式为喷泉与涌泉（图4-32）。

喷泉的水柱由水下冒出水面，具有动感与雕塑的效果，还伴有哗哗的水声，无论是视觉上还是听觉上都能获得享受；涌泉的水柱同样由水下冒出，但不做高压喷射，因此水柱一般都不高。与动感强烈的喷泉相比，涌泉温柔了不少，给人以一种“闹中取静”的惬意之感。喷泉与涌泉的设备原理相同，通过水泵功率的切换即可实现不同的喷涌效果。

② 落水。落水指水流从高处跌落进而产生变化的一种水景形式。落水可视可听，带有动感、欢快的气氛。落水所依附的基面形式可繁可简、灵活多变，因此具有丰富的表现形式。常见的落水形式有溢水、叠水、管流、瀑布等，它们的主要区别在于高差以及落差的层级。

a. 溢水（图4-33~图4-35）。喷涌的水流沿着池壁缓慢流下或自然下落称为溢水。连续的溢水边界线可以弱化水池的边缘，达到水天一色的造景效果。溢水是景观设计中重要的表现形式，如无边界水池或泳池。

b. 叠水。将几个溢水组合在一起便有了水流连续跌落的效果，即叠水。叠水的造型通常呈台阶状，叠水可以将没有固定形态的水以某种形式表现出来。自然界中存在着丰富的自然叠水景观，如四川的九寨沟就是一处代表。

溢水常结合叠水或水幕一同设计，以表现几种不同形式水景的组合效果（图4-36、图4-37）。

图4-36、图4-37　不同材质，不同流速的叠水水景

c. 管流。管流的出水口位于立面上，水流通过外露的出水管呈线状下落，视觉上具有轻松、愉悦之感。管流出水口以点式或成组布置（图4-38、图4-39）。

拥有各色的出水口是管流的特点。带有精致雕塑的出水口的管流水景是欧式水景常见的设计手法。日式的竹水也是一种管流的形式，以竹载水，自然界的两种元素被巧妙地结合在一起（图4-40）。

图4-38、图4-39　形式丰富的出水口是管流的特点之一

图4-40　竹水是日式园林常见的设计手法之一

图4-41~图4-44 水幕、水帘、瀑布的形式各异，而且能打造出不同的室内风格与气势

d. 水幕/水帘/瀑布（图4-41~图4-44）。水流从一定高处呈片状落体，或沿着基面流下会形成水幕的效果。流量的大小以及基面的起伏变化可以使水产生丰富的肌理。水帘则是不依托任何介质的自由落体，因此水帘的视觉通透感极佳。数控水帘还能表现不同的图形效果，这是一种智能化水景的体现。

瀑布是一种地质现象，也是一种跌水景观。瀑布与水幕或水帘的区别在于水的极大落差带给人们的气势感。室内的瀑布景观是一种自然的浓缩表现。室内瀑布一般在建筑的中庭或高耸的室内空间中出现，或结合室内温室打造微缩的雨林景观。

（3）冷雾喷泉

冷雾喷泉通过机电一体化的冷雾系统将水分解成无数直径为10～20μm的“细雾”，这些“细雾”飘浮的同时吸收了空气中的热量，降低了局部的温度，使人感到犹如清晨雾气一般的凉爽。冷雾喷泉柔化了几何形的建筑，云雾迷蒙的效果让人感受着自然的意境。

（4）水族箱（水草造景）/池塘盆栽

水族箱（水草造景）与池塘盆栽也是室内绿化水景的一种表现形式，其原理见6.2.2部分（图4-45）。

图4-45　具有微缩景观效果般的池塘盆栽

（5）装置水景

装置水景分为两类：一类是富有创意的产品水景，插电即可运行；另一类是手工制作，具有创意的水景艺术品，每一类都个性鲜明（图4-46）。

图4-46　放置在室内空间的装置小水景

4.3.4　人工控制的造型绿化

（1）人工修剪（形式）

前面已提到，经过人工修剪的植物除了轮廓清晰、形体特征更加明显、风格与装饰效果更强外，还拥有更加稳定的形态，能将植物生长过程中对空间产生的诸多影响，如蔓延的植物影响动线或破坏设想中的总体绿化形式降到最低。修剪整齐的植物非常适合应用在那些建筑体量感明显的室内空间中。

（2）绿雕

绿雕也称为花雕，是通过人工构架并在表面种植植物的一种绿化方法。绿雕的效果比单纯的人工修剪形式更加夸张，艺术效果也更为强烈。传统的修剪需要花费大量的人力及物力，还需将时间、成本等因素一并考虑。而依托人工骨架的绿雕可以用最短的时间“做”出构想中的造型，只要稍加维护即可成景（图4-47）。

绿雕表面可以应用各类植物，且植物会随着生长开花、变色。运用多年生植物的绿雕是一种比较一劳永逸的绿化设计方法。

图4-47　带有内龙骨系统的绿雕作品

（3）构架式绿化

构架式绿化在欣赏植物的同时还能兼顾功能。因为植物会沿着设定的构造生长，人们不用担心疯长后的植物会不加方位地蔓延并影响周边。构架式绿化的构架材料有天然的竹木，也有金属、水泥等材料。常见的构架有廊架、花架、花门等形式（图4-48）。

图4-48　饮料店一角，金属网制作的构架顶面爬满了植物

图4-49 商业绿化中庭的效果图。乔木围合了这一区域，花坛与休息座结合在一起，中心的咖啡店立面由构架式立面绿化构成

图4-50 办公中庭通高5层的垂直绿化是空间的核心焦点

4.3.5 室内庭院/室内景观温室

将室外庭院纳入室内空间是常用的绿化设计方式之一，它可以弥补室外绿化与活动空间不足的情况。

室内庭院是一处集植物造景、装饰、休闲、动线等功能于一体的室内绿化综合体，这就好比将公园的一角整体迁入室内一样。人们既能欣赏到植物之美，又能在其中驻足漫步，享受自然的乐趣。只要技术、空间以及成本允许，室内庭院几乎可以融入植栽、水体、喷雾、绿雕、灯光，以及任何可行的景观处理手法。室内庭院的设计是复杂的，在实际设计中往往需要多个部门，如景观及机电等专业的共同配合来完成项目。

不少设计师喜欢在商场的大型空间中融入室内庭院，以提供人们一个休闲的空间节点（图4-49）。

4.3.6 竖向型绿化

（1）垂直绿化

垂直绿化是墙面绿化的代表。垂直绿化由骨架、浇灌、照明系统及植物组成。垂直绿化的面积可大可小，以适应不同的立面。不同的植物垂直绿化可以形成富有装饰感的图案。垂直绿化还会结合各种自然材料如原木打造场景，好似将切下的大地挂在了墙上一样。

垂直绿化富有强烈的装饰性与自然气息，它能迅速成为视觉焦点。垂直绿化几乎能适应各类空间，尤其是大型的公共空间（图4-50）。

（2）空间中的垂挂绿化

垂直绿化以墙面或隔断形式出现，但这种形式一般只能获得一两个面的观赏视角，而从顶面垂挂下的绿化由于没有背景，因此可获得360° 的视角，视线效果更佳，其原理见4.2.3部分（图4-51）。

图4-51　餐饮空间运用了苔玉的技术布置了悬挂绿化

（3）花架/个性化的墙面绿化

垂直绿化的另一种形式是通过不同形式的花架安放植物。这类花架通常由设计师设计，它们的形式来源于空间的核心理念，是空间有机的一部分。

另一种个性化的墙面绿化则更富有家居感，也更具个性化，还体现了随意性与手作的特征。这类绿化会选用一些生活中常见的如玻璃瓶、罐子、麻绳还有金属网等物品，或那些任何能激发创意的材料制作花架来放置绿化（图4-52）。

图4-52　产品展厅的立面绿化构架是用回收的木料做的

个性化的墙面绿化手作感、个性感强，是一种富有新意，尤其适合个性空间的绿化装饰方式。

4.4 植物的组合与空间构成

4.4.1　空间中的比例与尺度

比例是不同的物体在整体尺寸方面的相互关系，是视觉上重要的衡量因素，比例与尺度的变化组合会直接作用于空间效果。室内绿化在设计时既需要考虑绿化场景与大空间的整体比例关系，也需考虑植物与植物间微妙的尺寸变化。

（1）绿化与空间的面积配比

只要符合设计构想、功能需求以及保证植物健康等因素，空间中到底规划多少面积的绿化并没有十分严格的规定，一切以最终设计效果定夺。

不过一般情况下，过少的植物会显得孤零零，过多品种的植物则显得杂乱。有经验的设计师会在功能与美学原则的指导下科学、合理地开展绿化设计工作。如果将植物比喻成几何体，将空间比喻成盒子的话，植物的量必须适应这个“盒子”的大小，才能将自身装下。在设计过程中，设计师通常会将植物的数量以空间1/10的面积为单位逐步递增，以此作为一个模数（图4-53）。

（2）根据空间高度确定绿化高度

人们长时间逗留的场所，如居家空间、办公空间还有学习空间，植物通常按2/3的房间高度设计（以地面绿化为例）。因为这个高度的植物在构图上没有顶天立地，上下不显拥挤，就如素描与色彩的构图原理一样。

图4-53　餐饮空间充满了绿化，但绿化的面积恰到好处

图4-54　图书馆开放阅读空间内种植了高度合适的乔木

2/3空间高度的绿化轮廓线清晰，植物正好可以从背景中显现出来。另一个考量标准是人的视线，因为2/3空间高度的植物基本可以对应一个成年人的视角，人们在活动过程中很容易就能看到植物（图4-54）。

（3）设计构想决定绿化比例

2/3的植物比例适用于大部分空间，而对于一些特殊的设计构想，这类设计方法是可以被打破的，植物可以顶天立地，也可以点状布置。比如不少垂直绿化常铺满整个立面，因为对于设计师而言此时处理的是一整面富有冲击力的背景墙，植物在这时更是以一种材料的身份出现；一些个性餐饮仅在光源处点缀了绿化，因为这类空间追求舞台光效果，大面积照明会影响用餐氛围，因此大面积的绿化也就显得没有意义了（图4-55）。

（4）视觉因素与绿化高度

人的视角也可反向推导出绿化的高度。根据人体工程学，人的抬头与低头动作在上下30° 左右比较舒适。根据这个视域与立面的交叉范围便可推导出绿化的高度，还可以推导出整个空间观赏绿化的最佳位置。

4.4.2　植物总体配置（形式）

（1）点式（孤植）

“独木成景”是点式种植的一大特征，这是一类最常见的绿化设计方式。点式绿化最常见的手法是盆栽（图4-56）。盆栽通常用于空间中的醒目位置，通过植物优美的株姿态与色彩来装饰空间。盆栽也常用来填补阴角空间。穿插在空间中具有相同特征的点式盆栽能够

图4-55　餐饮空间将照明与绿化结合在一起设计

图4-56　虽然是错层，但盆栽将这些空间串联了起来

将各个分散的空间串联起来。

园林中常选取那些造型优美或名贵的树种作为“桩景”点缀于节点或是道路的交叉处，以提升整个景观的品质。室内绿化设计中这种方法也完全可以尝试。桩景的容器或种植池一般也会精心挑选或设计，以契合植物的气质。桩景还常和室内采光中庭或下沉庭院结合在一起，因为这些空间的采光较好，植物会长得更健康。

（2）线形

线形植物配置法具有序列、重复与节奏感，园林上常作为行道树与绿篱使用，且具有导向性。线形绿化常用同一种植物重复，强调庄重与仪式；也会选用不同品种但叶的形与色相近的植物，这样会在统一中有变化。线形植物配置法有直线与曲线两种。直线的形式连续性强，区隔功能、疏导动线以及调整光线的作用明确。曲线的绿化空间更流畅，形式也更活泼（图4-57）。

图4-57　办公空间中线形的绿化区隔开了会议与休闲空间

（3）块植（群植/复植）

块植是将多种植物组织在一起形成组团或色块，以达到密集造景的效果。块植具有数量的优势，在色彩上能起到平衡空间的作用，这就如同室内设计中常需要一个“压得住”的色块一样。大面积的块植具有醒目、装饰性强的特点。公共空间中大型的块植需要一定面积的场地，因此可以融入更多的功能。室内庭院通常运用的就是块植绿化。垂直绿化也是一种块植形式。

① 由点组成的面。将独立的盆栽或植物组合在一起可以形成一个小组团，这样绿化会更醒目。地面的点式绿化可以形成面；墙上的点式绿化也能形成面；大量的、悬挂在顶面的点式绿化同样能形成面。用最简单的点式绿化构成面用来塑造空间，是室内绿化设计常用的方法之一，因为“集体的力量是巨大的”（图4-58）。

点式绿化的小组团与小组团常会构成一定的几何关系，这是一种园林常见的构图方式（图4-59）。

图4-58　盆栽构成了小组团，填补了办公室的阴角空间

② 前景、中景、后景。一般而言，园林上的块植会将绿化造景分为前景、中景、后景三个部分，这样造景会产生丰富的层次感。高的植物通常种在后景位置，最矮的植物种在前景或四周，中景处则种植高度介于两者之间的植物。用这种方式配置的绿化除了层次分明外，人的视线在平面及竖向上都可以欣赏到绿化。前景、中景、后景的配置方式创造了连接平面与立面的第三向斜面，既应用了空间，又拓展了造景植物的界面。

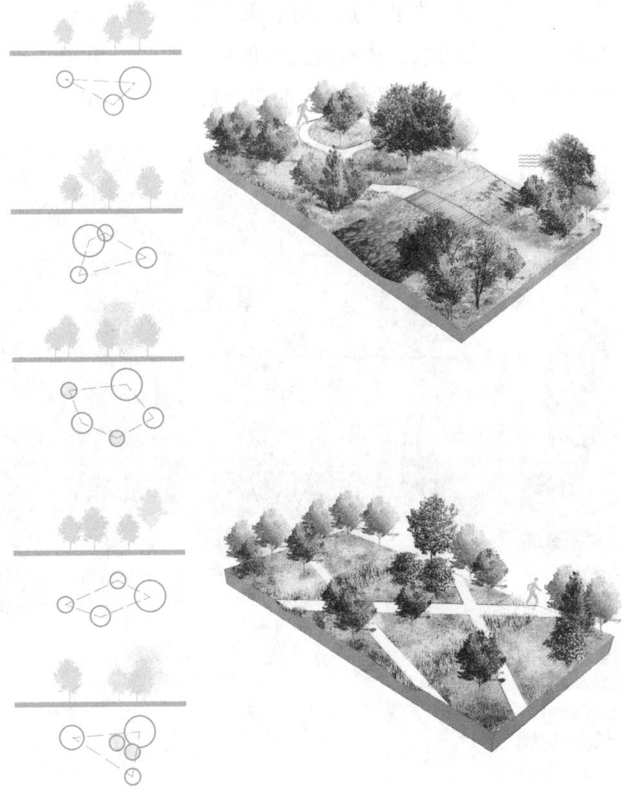

图4-59　景观与园林中常用的植物组团定位法

前景、中景、后景构图是绿化设计常用的一种手法，不少设计师会在此基础上适当将一些后景植物前移或将中景的植物种在前景位置，以形成一种突破。这样可以夸张透视上的近大远小之感，景深效果也会更强烈，绿化的效果就会显得更错落有致（图4-60）。

图4-60 居室空间采光中庭的绿化用了三段式构图法

③ “平涂”种植。建筑大师路德维希·密斯·凡德罗提出 “少即是多”（Less is more）的建筑设计哲学主张，影响了无数的设计师。室内绿化设计的植物不一定要种类繁多、色彩各异，相反，最单纯的植物经由重复就能产生巨大的效果。这就好比我国油菜花以及欧洲薰衣草盛开时的场景，还有近几年的网红草——粉黛乱子草开花后漫山遍野的粉红色大地花海景观（图4-61）。

图4-61 餐饮空间过道的绿化背景墙仅使用了苔藓一种植物

（4）对植

① 点式对植。将两棵或两盆植物按一定间距配置即可形成对植。对植手法常用于空间的出入口处，用来强调入口、界定入口的宽度或形成一种仪式感。

② 线形对植。将两排线形的植物对称排列即为线形对植。同一种植物的线形对植富有序列感；不同类型但数量与体量大致相同的植物对植会得到均衡、活泼的效果。

线形对植可以是两条对称的轴线，也可以是多条轴线进行的平行镜像，如树阵效果。线形对植手法常起到烘托主体与疏导动线的功能（图4-62）。

图4-62 休息大厅中两排对植的乔木界定出了过道区域

③ 多株对植（图4-63、图4-64）。多株对植是由植物群落构成的一种对植。多株对植可以是复植盆栽，也可以是花坛中两组复植的植物。

图4-63 由两盆复植盆栽界定出的楼梯入口空间
图4-64 餐饮空间过道两端自然形态绿化构成的多株对植

4.4.3 绿化的构成手法

（1）对比

① 形态对比。植物的形态对比是绿化设计中常用的一种设计手法，通过植物与植物、植物与环境、植物与材料等方面的对比，以进一步展现不同元素的特征。

a. 自然形态对比（未修剪）。自然形态绿化通过不同植物间的对比强调了每种植物的自然特征，但配置时仍需充分考虑不同植物搭配在一起的综合效果，否则整个场景就会显得非常琐碎（图4-65）。

b. 修剪形式对比。利用同一种植物修剪成不同的造型，可以产生一种几何关系上的对比，也可以与自然形态的植物产生对比（图4-66）。

c. 大小对比。同一种或种类单纯的几种植物，经由大小不同的植株组合也能呈现丰富的变化与层次。大小对比是一种整体中求变化，变化中求整体的对比手法。

图4-65 酒店休息厅中不同大小的散尾葵形成了错落的层次

图4-66 自然形态的植物与人工修剪的绿化产生了形式对比

图4-67 休息空间虽然摆满了小型植物，但通过垂叶榕统一了起来

② 面积对比。

a. 主体植物（骨干植物）。种类繁多的植物种在一起，每种植物都似乎很出众，但实则很琐碎，人们会看花眼，因为画面没有主体。而选取一定数量的主体植物重复可以使画面趋于统一，还能将整个场景联系起来，因为人的视觉对连续形象容易产生印象。这就好比室内设计往往有一个核心的造型、色彩或重复的材质一样。园林设计中常称这类重复的植物为“骨干树种”，室内绿化设计同样如此。

使用骨干植物会使室内绿化设计更协调，视觉更稳定，设计也更易理解（图4-67）。

b. 面积配比（植栽的整体体量）。主体植物通常还需与其他植物经由一定的面积配比才能形成更丰富的造景效果。此处介绍比较实用的前景、中景、后景配比法与九宫格配比法。

前景、中景、后景配比法在前面已做了简介，它可以形成一个由低向高过渡的三角剖面，剖面需要通过植物的品种、栽种位置及数量由低至高搭配实现（图4-68）。

图4-68 酒店客房区采光中庭密集的绿萝、芭蕉以及二层的蕨类形成了丰富的植物层次

复植的绿化为了获得三个层次，剖面中的植物面积之比例至少是1（前景）：1（中景）：1（后景），不少设计师也会根据效果灵活调整比例。如以地被植物为主景的绿化设计比例会被调整为3：2：1；以中景的灌木为主体的绿化设计比例一般为2：3：1。

前景、中景、后景只是一个基本的概念，其中每一个层次还能通过“再细化”产生更微妙的变化，这样绿化的整体效果会更生动。当然，室内绿化设计也是灵活的，有些场景虽然只有两个层次，但经由不同的绿化组合也能产生丰富的效果。

可以在植物立面层次的面积配比中尝试采用绘画中的井字形构图法。一般绘画构图不会按中心点水平或垂直切分画面，室内绿化设计一般也不会选用1：2的立面比例构图，因为这样会显得过于规则，尤其是对富有自然气息的植物造景而言。大部分绿化的植物立面会按1：3或1：5的模数构建，并且还会在每一个层次中通过诸如高差的变化加强立面的韵律感。

以上两种面积配比的方法不仅适用于片植的种植池，也适用于复植的盆栽，还能用于由花架构成的绿化设计中（图4-69）。

植物的面积配比构成了绿化的立体形式，而绿化的面积配比还需色彩介入才能形成一个完整的造景效果，具体的原理见4.5部分。

③ 肌理/质感对比。肌理与质感的原理见1.2.1部分。

在那些纯植物组合的绿化设计中，肌理与质感对比表现得尤为重要，因为这样植物与植物间才能轮廓分明、特征明显、层次丰富。植物的质感对比除了与另一种植物进行对比外，还包括与环境中其他的建筑或装饰材料进行对比，因为植物的质感是人工材料难以模仿的。植物的肌理与质感对比手法有如下形式（但也不限于如下，图4-70、图4-71）：

a. 疏密/细致度对比；

b. 粗细与宽窄对比；

c. 光泽度/软硬度对比；

d. 透明度对比；

e. 排布方式对比；

f. 尖锐与平滑的对比。

（2）对称

在轴线两侧规划相同单位的绿化就可以得到对称效果，前面提到的对植就是一种对称手法。除了盆栽对植外，构架绿化、绿雕、花坛以及任何特征相同的绿化形式都可以成为对称的元素。

图4-69 复植的组合盆栽表现出了丰富的层次

图4-70、图4-71 植物与工业风的办公与餐厅形成了鲜明的质感对比

完全对称的设计手法常给人以一种“死板感”，这种方法往往会制约设计师活跃的思路。对称设计方法多以交通或视线引导为出发点，或用在那些形式规整、主题庄重的政府机构或纪念馆等空间。

（3）均衡（不对称）

均衡是所有设计师追求的共同目标之一，它指的是不同大小、颜色、造型等元素间形成的一种平衡状态。均衡的设计具有和谐之美。均衡是一种度的把握，是一个平衡点的体现。均衡之美就好比西方的天平秤与我国的杆秤，一个追求的是完全均质，而另一个则通过一个平衡点达到了质量的统一，也好似我国的太极“四两拨千斤”以小力胜大力之意（图4–72）。

图4–72 酒店休息空间通过盆栽的垂叶榕平衡了大量的顶面的垂挂植物。用几个点来均衡大量的线是此处绿化设计的手法

（4）突破

室内绿化设计的方法灵活多变，有时为了达到视觉上的张力，设计师往往会打破原有的设计规则。室内绿化设计常用的突破方法如下。

① 突破前景、中景、后景层次。原理见4.4.2部分。

② 突破既有空间的限制。不少室内绿化设计会在新增的楼板上开洞，并在下部种植高大的植物以穿越至二层。植物就好似突破了楼板的限制，将两个空间串联了起来（图4–73）。

③ 突破容器的限制。有时设计师会有意识地利用能快速生长的植物，因为不久它们就能超出容器，以此来体现植物的生命力。超出容器后的植物，如藤蔓能将室内的立面遮挡得若隐若现，这样会令空间更自然。

图4–73 酒吧中选用了大型的仿真果树，并将其穿插到了二层空间，除了视觉上的张力外，还兼顾了全景的效果

（5）艺术处理

室内绿化设计需要扎实的艺术功底，不少设计师会将绿化设计视作油画来处理。植物成了油彩，花坛作为画布，大量的艺术符号与美术表达方式融入室内绿化设计中，最后的作品就犹如抽象画一般（图4–74）。

图4–74 餐厅中用艺术手法打造的垂直绿化装饰画成为卡座区的背景，同时也成为散座区的绿化借景对象

（6）光与影

植物的生长离不开光，植物表面的光影变化以及地面的树影变化也是室内绿化设计重要的组成部分，光影呈现了耐人寻味的效果。室内绿化的光影特点如下。

① 集中视线。射灯指点式光源，这种光源聚光性强，具有舞台效果，可以将复杂的背景排除在外。室内空间中的绿化常通过射灯来集中人们的视线并加强植物的对比度。

图4-75　购物中心被射灯照射得层次丰富的悬挂绿化

② 强调体积与轮廓（远距离观察）。阳光及射灯能加强植物的体积感，这就如同阳光与灯光下的素描作品明暗对比更强烈一样。光在强调植物立体感的同时将植物的轮廓线描绘得更清晰，使植物从背景中脱离出来。

③ 丰富植物表面层次（近距离欣赏）。通过灯光，我们还能近距离欣赏到更多的植物细节，尤其在明暗交界线周围，如叶片与花卉的形状、叶片表面的纹理以及其特殊的质感等方面（图4-75）。

④ 欣赏树影。树影的光斑变化不仅十分有趣，还十分吸引人。根据不同的叶形以及树叶的密度，影子也不断发生着变化，有的边缘柔和、有的边缘清晰，有的浅、有的深。

变化的树影是一种设计师可以想到但无法完全把控的因素，任何的变化，如一阵风都会改变树影的形状，但这也造就了绿化设计无限的可能性。树影是植物与光组合的魅力所在（图4-76）。

4.5　植物的色彩搭配

形态、肌理与质感是植物重要的视觉特征，但当人们远观时，色彩又成了第一印象。这就好比一幅油画作品，远观色调与轮廓，近看塑造与细节。色彩展现了不同品种植物的个性以及季节性的变化。充分运用植物的色彩是室内绿化设计的又一大重点。

图4-76　射灯将中庭植物的树影打在了地上，增加了绿化层次

图4-77 色彩丰富的花境一角

图4-78 居家餐厅一角，明度的变化使绿植仍然拥有分明的层次

植物的色彩虽是天然的，但艺术中的色彩原理以及色彩构成几乎都适用于室内绿化设计。

运用植物的色彩是一件有趣的工作，一位成熟的设计师不仅能把握好植物与植物间的色彩进行绿化设计，还能全面地处理好材料、植物与空间的整体色调。

4.5.1 色彩原理

（1）色彩三要素

① 色相。植物的色相是指叶、茎、树干、花等部位的固有色。绿色是植物也是自然给人们的第一印象。在植物界中变化多彩的绿色占据了主导地位。绿色也是绝大多数园林的主体色。彩叶类的植物也为数不少，但不少彩叶植物只能随着季节变化而变化。植物鲜艳的花朵与果实只有在每年特定的时段才会出现，但人们仍然为之着迷（图4-77）。

② 饱和度。色彩的饱和度即纯度。植物的纯度是指固有色从灰暗到鲜艳的程度。鲜艳的植物显得生机勃勃，反之亦然。植物各个部分的颜色纯度会着随生长而变化。如不少植物的新芽与新叶会显出娇嫩的绿色，发育成熟的叶片呈现了一种饱满油亮的绿色，衰败的叶片与花朵会干枯发黄。植物色彩的纯度变化是一种自然规律。

如果空间中需要凸显植物，那么选择一种叶色饱满的绿叶或彩叶植物都是不错的方法。而如果需要保持植物与环境的协调，则可以根据室内的色调，反向选择色彩柔和的植物，以调和环境。

③ 明度。植物的明度指树叶亮与暗的程度。每一种色相都有对应的明度。通常人们觉得黄色显明亮，蓝色显暗，橙色相对适中。亮与暗的组合构成了明度基调，明亮的植物组合称为高调，反之称为低调或重调，位于两者之间的为中间调，这同绘画与色彩构成中的分类法相同。

明度能控制色块的边界。同一色系的植物，通过不同品种的明度搭配仍可形成丰富的层次（图4-78）。

（2）冷暖色/对比色（补色）

① 冷暖色。冷暖色指色彩心理上的冷热感觉。色彩分为暖色（红、橙、黄、棕等）与冷色（绿、青、蓝、紫）。暖色在视觉上具有向前感，给人热烈、兴奋、热情、温暖的感觉。冷色在视觉上会使物体比实际看到的距离要远，它带给人镇定、清凉、开阔、通透的感觉。

② 对比色/补色。色相环上相距120°~180°之间的

两种颜色称为对比色，色相环上呈完全180° 相对的颜色称为互补色。在植物领域，相对的颜色可以进一步凸显对方的色性。如红花会在绿叶的映衬下显得格外艳丽，黄花与紫花的组合会使对方看起来更加艳丽。

冷色与暖色的组合也是一种对比，运用这种原理，即使是单纯的绿色调植物，只要叶片存在冷暖变化，植物与植物间的轮廓线就会产生变化（图4–79）。

图4–79　绿色植物使婚典显得高雅，带有冷暖变化的绿叶又使这种单纯与统一的色调产生了变化

4. 5. 2　植物的色彩

（1）花色

室内绿化设计中常用到鲜花，鲜花的色彩各异，不少植物会在不同的阶段开出各色花朵，这是一种富有魅力的季节性色彩（图4–80）。

图4–80　由鲜花做的插花常是餐桌上的主角，因为鲜花能增强用餐高雅的氛围，诱人的花色还能增加食欲

虽说鲜花是一种即时之美，但人们仍然为之着迷。鲜花的配色方式见4.5.3部分。

（2）叶色

单纯的绿色植物会稍显乏味，因此设计师常会引入彩叶植物让场景变得热闹起来。园林中不少落叶乔木都有季节性叶色。例如银杏在秋天树叶会从由绿变黄，红枫春秋季叶片为红色，夏季为紫红色。不少观赏草在春天与夏天的色彩各异，但到了冬天地面部分枯萎后都会呈现金黄色。常绿乔木一年四季基本为绿色的。

室内绿化设计中常会选用那些多年生、宿根且叶色稳定的彩叶植物作为材料，因为这样才能保持四季稳定的色彩基调。

（3）光与植物的色彩

植物的明度和纯度，除了有赖于色彩三要素外，还与光线的强度和冷暖有着密切的关系。

植物在明亮与昏暗的环境中色彩是完全不同的。阳光与射灯会加强植物的明度与纯度，因为这类光源的对比强烈。漫射光无法达到如此强烈的效果，在视觉上明暗对比度也就相对弱了些。晴天与阴天的绿化效果完全不同，较暗的光照除不利于植物生长外，也会减弱植物的欣赏价值。

光除了影响植物的明度与纯度外，光色还会影响植物视觉上的固有色。黄色、橙色的光源以及清晨与傍晚的太阳会使植物色彩偏暖；白色的光线或是正午的阳光则使植物显得偏冷或蓝。自然光或是显色性优良的人工照明能很好地还原植物的本色，而劣质的荧光灯则会使植物微妙的色彩变化大打折扣（图4–81）。

图4–81　办公休息空间一角。在暖色射灯的照射下，垂直绿化显得色彩饱满，冷暖对比强烈

图4-82 休息空间中效果十分自然的绿色调垂直绿化墙

图4-83~图4-85 办公、餐饮空间一角。带有绿化的室内设计往往与植物的色彩间“你中有我，我中有你”，色彩关系调和

4.5.3 配色方式

（1）植物的色调

色轮中邻近的色彩进行搭配即可形成植物的色调。自然给人的第一印象是绿色，绝大多数园林作品的主导色也是绿色，绿色是室内绿化设计中比较稳妥的一种配色，因为绿叶植物是最容易获得的素材（图4-82）。植物的色调除了绿色调外，可以是黄花与绿叶搭配的黄绿色调，也可以是橙花红叶所带来的那种热烈的暖色调。根据不同的主题与节日，设计师会选用对应的植物构成色调，如国庆节会选择色彩热烈的红色与橙色鲜花。

（2）环境色

① 绿化调和环境（图4-83~图4-85）。画幅中每个元素的共有色彩构成了画面的色调，即色彩调和。调和色具有镇定与安静的效果。植物的绿色（中绿色）被认为是一种调和色，因为绘画中的绿色常需混合其他色彩才会不显生硬。

室内绿化设计除了考虑植物与植物的色彩关系外，还需充分考虑空间的主题色，并做到植物与空间的色彩“你中有我，我中有你”。这样室内绿化才能与空间形成色调。如表现高科技感的场所，绿化设计会选择冷色植物以契合空间。一些室内设计还会运用空间中某几种元素提炼出的色彩反向选择对应的植物。

植物的本色千变万化，设计师需有意识地组织植物与环境的色调，因为色彩统一的作品更易于理解。牢牢把握绿化与环境的色调是设计师色彩修养的体现。室内绿化设计的色彩是空间色彩的延续与发展，“绿化与特定的场所完美结合”是本书重要的核心理念之一。

图4-86~图4-88　洗手间、办公中庭及餐厅一角。公共空间常会选用对比色来衬托植物的色彩，但也会在色彩纯度上有所控制

② 通过空间的色彩反衬绿化。人们常说“鲜花需要绿叶衬”，因为协调是一种美，对比或衬托也是一种美，不少植物的色彩同样也需要环境来衬托才能表现得更好（图4-86~图4-88）。

暖灰或冷灰调的背景因为其没有明显的色相，无论何种色相的植物都能被衬托出来。白色环境如同一块画布，在其中的任何绿化都会显得色彩饱满。重色如黑色的环境能将植物衬托得如同博物馆中的展品一样。与背景呈对比色或补色关系的绿植能产生某种装饰与抽象感。但如果在两种对比色中添加一些白色与黑色作为安全色，这种色彩冲突就会稳定起来。

（3）色块对比

植物需要通过面积配比完成一定的立体效果，还需通过色块对比来加强植物与植物间的轮廓线，这样植物间的层次才会分明。

形成色块的方式很多，同一种植物数量上的重复可以形成色块；色彩的明暗变化可以形成色块，冷暖色与色相的变化也能形成色块。无论是协调的色块对比，还是补色强烈的色块对比都必须与空间的环境色形成一定关系，因为没有完全脱离室内环境的绿化设计。

同时绿化中的每一部分色块都需要达到一定的面积与比例，否则画面就会显得过于琐碎。这就好比一幅油画，色彩不会零零星星，东一笔西一笔（图4-89）。

图4-89　餐厅的垂直绿化采用了方形作为图案底纹，通过植物的明度及冷暖的变化实现了这种效果

图4-90 婚宴空间选用了纯度较低的绿植搭配浅粉色的台布营造氛围

图4-91 高纯度彩叶植物搭配鲜花营造出热烈的复植组合盆栽效果

（4）渐变色

渐变色是指颜色从明到暗，或一个颜色逐渐过渡到另一个颜色，或两到三个颜色间逐渐过渡的效果。渐变色并不是任何一种颜色，只是一种色彩存在的手法。相对传统方式设计的植物色彩搭配，渐变色更能吸引人们的注意，因为渐变色独一无二，且充满变幻与无穷的神秘感；渐变色活泼、娱乐性强并散发着浪漫气息。渐变色多用于垂直绿化或是大面积的块状植物绿化上。

4.5.4 色彩的情调感

色彩具有情调感，植物的色彩延续了这种属性。通过植物丰富的色彩组合以及植物生机勃勃的特性，绿化可以营造不同感情色彩、美好氛围以及各种体验。

（1）安静、平静

大量蓝色或冷色花朵的绿化能创造出安宁、平静、和谐、阴凉的主题与色调。绿叶植物具有天然的安神效果，它们与冷色花卉搭配在一起就能营造出这种色彩氛围。对于这种色调，设计师还会加入蓝紫色、粉紫色、白色、浅黄色的花卉植物，以及具有冷暖、纹理变化的树叶以进一步丰富这种色彩基调。安静、平静的色调十分强调整体感，一般不追求强烈的色彩对比，如纯度对比。安静、平静的色调常配合散射光照明，以适当减弱强烈的明暗对比（图4-90）。

安静、平静的绿化基调不容易破坏环境或使人产生强烈的紧张感。这类色调除了应用于功能性的绿化如绿篱外，还常作为背景大面积使用。

（2）兴奋、热烈

大量的红色、橙色、黄色令人感到兴奋与激动，也具有热烈与活力之感，将这些色彩组合在一起构成了这类色调。通常这类色调会选择那些色彩纯度较高的花卉与叶片，当这些色彩碰撞在一起时可以进一步加强彼此间的色彩对比。兴奋与热烈的色彩基调与柔和的环境对比会更显独具一格。

在绿化规划时，如果空间允许，这种色调的绿化常作为空间焦点。另一种情况则是配合射灯作为空间的点缀。这种高纯度的色彩基调需谨慎考虑，尤其是大面积运用，因为其并不是一种十分调和的色调（图4-91）。

（3）奇趣、特异

奇趣、特异的主题不仅指色调，还是一种追求“新、奇、特”的综合视觉体验，即尽量避免选用那些随处可见的植物品种或容器。脑洞大开也许是对奇趣与特异类的室内绿化设计的描述。在实际设计中，设计师可以考虑尝试一些园林设计中不常用的植物，如叶形新奇的空气凤梨，或叶色、花色或叶脉纹理奇异的热带植物，或是运用一些新方式来展示植物，如吊在天花上，通过这些方法来体现这一主题。

（4）细致、精巧

细致、精巧的基调除了稳重的植物色彩外，还需要那些枝叶细腻、质感宜人的植物品种进行搭配。细致、精巧的绿化主题一般不会选择很多品种的植物，而是将有限的品种通过周密的计算巧妙地表达设计效果。插花就是一种令人感到细致与精巧的代表性室内绿化设计。

其实细致、精巧的主题具有多重含义，稳重的色彩具有细腻感；细致的植物叶片与肌理会使人感到细腻；巧妙的构思也能传达出一种细腻的心情。人们会觉得设计师真的在用心创作（图4-92）。

（5）高雅、稳重

高雅、稳重的绿化设计常以绿色调为主，构图多以直线对称的形式体现古典的韵味。高雅、稳重的绿化设计植物的品种一般也不会很多，需要通过精心搭配并经由精心修剪来强调绿化的整体装饰感。

高雅、稳重的主题关键是古典构图、巧妙搭配、控制植物品种的数量与色彩，还需通过人工修剪来强化几何装饰感。

4.6　搭配材料

4.6.1　自然材料

许多人喜欢室内绿化设计，除了植物生机勃勃的状态外，还因为那种自然且原生态的室内风格。

如今不少室内设计项目的业主会要求运用大量的装饰材料与设计元素，但过于复杂的元素与材料堆积反而会使人产生审美上的疲劳。真正的理想空间是一个能让人享受与放松的地方，回归自然本源的空间才是最质朴的空间。植物与各类自然系的材料搭配在一起就能创造出这种自然、原生态的风格（图4-93、图4-94）。

原木是自然风格室内设计中使用最多的一种天然材料。原木纹理清晰、质感细腻、色彩柔和，深受人们喜爱。与原木一样，竹制、藤制的材料也充满浓郁的自然气息。花岗石是一种户外景观材料，设计师常选用毛面或自然面的花岗石，因为这样的肌理更自然。其他的材料如陶制品、麻质织物、天然的沙（卵）石等，因其表面肌理亲和，用它们来打造自然风格，效果同样出众。

图4-92　古典酒店过道中装饰有细致精巧的插花艺术

图4-93、图4-94　无论空间大小，原木都是自然主题常用的材料

4.6.2 自然元素

除了自然清新的绿植外，融入各类自然元素的设计可以使自然的风格锦上添花。这样的空间每一寸角落都能充满来自森林的礼遇。

图4-95、图4-96 由自然图案及元素打造的室内空间

自然元素中最常用的就是各类植物或动物的图案变形，它们常被作为各类壁纸、软垫、装饰品表面的图案。植物主题的挂画也是一种自然元素，不少作品会以干花或干叶作材料，将它们装裱在镜框里，这样可以凝固植物的美。使用自然材料制作的手工艺品也散发着一种淳朴的自然之美，因为它们大多拥有原生态，或没有过多人工干预的造型（图4–95、图4–96）。

4.7 本章小结

设计是一个复杂的过程。由于写作的需要，书中的每一个点都独立成段，但在实际的设计过程中每一个点都需要用联系的设计方法来处理，并通过不断的论证与推导最终才能达到一个比较合理的、美观的设计效果。

室内绿化设计具有交叉性与跨界性，许多园林、景观设计的方法以及考虑问题的方式其实都可以在室内绿化设计中进行尝试。

思考与延伸

1. 人的视角与室内绿化设计有什么关系？
2. 植物与空间组合有哪些形式？
3. 植物的色彩与空间搭配的注意事项是什么？
4. 如何通过材质与元素来创造自然的室内风格？

第 5 章　室内绿化设计的技巧

不少读者在学习了设计的原理及方法后，当遇到具体的设计工作时仍然无从下手，这是因为没有一套合理的、逻辑的工作流程来支撑，同时由于缺少必要的经验，设计过程中还会出现不知如何取舍以提高工作效率的问题。

为此，本章提炼了室内绿化设计的技巧与工作流程，因为大量的设计方法需要联系实际才能找到应用点，并成为个人高效工作的技巧。大量的设计方法同样需要工作流程的支持才能发挥作用。本章还提炼了居家绿化设计的技巧，因为居家绿化设计更贴近生活。

本章的内容比较综合，是对上一章“室内绿化设计的方法”的拓展与补充。

5.1　植物之美

5.1.1　筛选植物的要点

（1）光线的强弱

室内各空间的光线强度不同，一般朝南的空间日照强烈、采光充足，可以选择阳性耐晒的植物；而北侧或阳光被遮挡的空间则适合栽种那些阴性的植物。

（2）色彩

植物的色彩搭配工作是周密与逻辑的。如何确定植物的色彩，大部分情况并不是从植物本身入手，也不是只考虑将四季的色彩都装进空间。植物的色彩搭配绝大部分情况还应从室内的环境色入手，因为环境色才是室内绿化设计重要的色彩依据（图5-1）。

（3）即时美的植物不一定美

① 合理使用鲜花。鲜花的色彩艳丽，能创造出不同的主题与氛围。鲜花还是插花常用的材料。鲜花受到季节与时间的限制，一旦过了花期景致就将衰败，且未及时处理的衰败鲜花还会破坏环境。因此，有必要合理使用鲜花，即有专人管理，及时更换；或在设计之初就对整年所使用的鲜花有一个合理的规划，这样才能保证四季有花，色彩不断。

② 交付时的植物之美不一定美。室内绿化设计既要考虑交付时的效果，更要考虑植物长成后的效果，对于各类植物的种植间距需谨慎考量。不少客户一味地追求交付时的效果，要求将植物种得很密，虽一时景致饱满，但第二年就会出现拥挤、闷湿枯萎的现象。当然，如果种得过稀效果也不理想。因此，设计师需非常熟悉植物的生长习性，科学合理地搭配植物，还需对最终成景的效果有时间上的预估。

图5-1　办公中庭一角。绿化被规划在了采光最佳的中庭位置，植物的色彩与空间基调非常协调，木地板与立面的木质格栅展现了自然风格。整个空间通过植物柔化了建筑强硬的金属结构

图5-2 办公采光绿化中庭。其中配有大段的枯木作为装饰以进一步强调原生状态的景致效果

图5-3 配有叠水景观的室内绿化中庭。植物将大尺度的建筑表面覆盖得若隐若现

图5-4 半室外空间下部种满了耐阴的蕨类植物，乔木则种在外侧

5.1.2 自然是位好老师

植物在不同的自然与地区条件下会以不同的群落出现，且一般每个区域的植物会有固定的组合方式，这种天然的植物组合是自然给予我们的启示。

室内绿化设计多以表现自然为主，设计的工作不妨尝试模仿自然。当设计师来到一处新项目基地时，不妨先观察周边的植物群落，尝试整理出植物的品种及共生规律，并分析当地特有的自然元素（沉木、奇石、水）是通过何种方式组合的，然后再开展设计工作。经由这样的前期准备，绿化设计的效果会更贴切，植物的搭配也会更科学（图5-2）。

自然界中蕴藏着无数设计的技巧，自然界中蕴藏着无限的美，尝试模仿自然景观是一种不错的绿化设计"捷径"，因为自然是位好老师（图5-3）。

5.1.3 阳性植物与阴性植物是好搭档

有阳光必定会有影子，有暗部才有对比，有了明与暗世界才会立体，正是因为有了乔木下的暗部，前景才被衬托出来，暗部或阴影是绿化设计中客观存在的区域。对于这样一个"暗区"，大自然有巧妙的解决方式——阴性植物。

原始森林中高大榕树下蕨类植物、耐阴植物和苔藓都生机勃勃。玉簪即使在没有阳光直射的环境中也能开花，这是自然生态平衡与生物多样性的完美体现。阳性植物大多有艳丽的色彩，而阴性植物则单纯了不少，这正好可以形成色彩上的对比。不少阴性植物的叶子有着优美的形态与独特的生长特性，如蕨类植物萌发的新芽好似一个个音符，苔藓绿油油的表面好似绒布。

绿化设计正是因为有了阴性植物暗部才饱满，虚实才有变化，设计才完整。阳性植物与阴性植物的自然组合体现了生物间完美的平衡之美，阳性植物与阴性植物是一对好搭档（图5-4）。

5.1.4 健康的植物才是美丽的

室内绿化设计主要欣赏的是植物之美，创意再好的绿化如果植物不健康，那么绿化设计的意义也就不复存在。不少室内绿化设计的初衷背离了这个点，将植物布置在几乎没有通风与采光的空间中，或是长期处于无人照顾的状态；有些设计师觉得植物只是一件没有生命的装饰，只要摆上去那一刻好看就行；一些看似新奇夺目的绿化作品，植物其实并不能成活多久。植物是一种有生命的素材，如果将植物的健康看作是“1”，设计方法看作是“0”的话，显然只有拥有1，后者才有意义。

所以说，无论何种形式的室内绿化设计，如何保持植物健康的状态是重要的考量范畴。

5.1.5 保留一棵树，保留一份美

除了那些一二年生的花草地被植物，如果不是外力或疾病，一般乔木的寿命都很长。苹果、葡萄、梨、枣、核桃等果树的寿命通常在100~400年，槭树、榆树、桦树、樟树等可以存活500~800年，而松树、雪松、柏树、银杏、云杉、巨杉等可以屹立1500~4000年不倒。

正因为如此，许多设计师会尽力保留改造项目中的各类老树，这样可以保留老人们在树下给孙辈讲故事的场景，可以保留宝宝在树干下荡秋千的时刻，可以保留爱人们在树下牵手的瞬间。通过保留场地中既有的植物，可以传承美好的记忆（图5–5）。

有的项目现场虽然没有树，但有心的设计师会为业主亲手种上一棵树，通过植物的成长给予空间一种记忆的载体。室内绿化设计并不是对基地的全盘否定，合理地保留场所内的植物，才能保留一份回忆的美。

图5–5 餐饮空间犹如盆景艺术般的小乔为空间增添了历史感

5.1.6 人无完人，“植无完植”

人们常说“天地本不全，万物皆有缺”，更何况本来就是自然界一员的植物，也许毫无缺点的植物只会存在于草图上。不少室内绿化设计往往无法通过一种植物实现所有的效果。如黄杨虽四季常绿，但叶色单调；彩叶草的叶色艳丽，但到了冬天就光秃秃的；鸢尾开花时光彩夺目，但平日的叶形看起来非常一般；不少水生植物在特定的季节会形态优雅、效果强烈，但在其他季节可能就“憔悴”了不少。

各类植物在不同阶段所独有的个性特征正是人们争相欣赏的美景，将这些植物合理地搭配起来，扬长避短，就能通过植物群体的力量创造出一种稳定的室内绿化效果（图5–6）。

5.1.7 植物色彩的组合之美

（1）有“单纯”才有“艳”

后景色彩很艳或植物品种很复杂的情况下，前景或中景不要选用过于鲜艳的植物或使用过多的植物品种，这样才能产生对比，主体才会突出，反之同理。这是园林设计常用的方法。

图5–6 商业绿化中庭选用了乔木、蕨类、宿根花卉、苔藓等植物

总的来说，上层复杂花俏，地被宜简约，上层简约，下层可适当将植物搭配得复杂些（图5-7）。

图5-7　商业中庭的绿化带下部地被景观的植物丰富，上部景观则单纯地种植了几株乔木，这样的植物搭配方式主次分明

（2）以“少”见大

室内的种植场地小，配色宜少，这样空间会显得较大。室内绿化设计虽可以根据不同的动线及功能区规划绿化的局部主题色方案，但还需将这些色块组织起来，并尝试用最少的色彩来解决所有问题。

（3）过渡色/安全色的重要性

两种高纯度的植物或花卉尽量选择一种或分开种植，如果实在不愿意放弃任何一方的话，加一个如乳白色（如大滨菊类）的过渡色效果会协调不少，因为白色是没有色性的安全色（图5-8）。

图5-8　红色与黄色的鲜花间种植有安全色的白色花卉

（4）适当降低纯度与对比度

高纯度的植物单一造景大气，但与其他纯度的植物或材料搭配在一起有时就不协调了，这类搭配需慎用。将植物中某一个颜色的饱和度降低一些，如金黄改为粉黄，深紫改为粉蓝，深绿改为草绿，这样绿化会显得比较调和。也可以尝试降低整个环境的纯度以减弱植物与背景的对比（图5-9、图5-10）。

图5-9、图5-10　花店及餐饮空间用了大量的灰色来调和植物的色彩

所以说一般情况下那些色彩浓烈的植物需和单纯的植物或背景配在一起，或直接采用调和色的植物进行搭配，这样画面才会协调。

（5）清新的色彩

翠绿、灰绿、深绿、草绿等深浅不一的绿色系植物点缀柔和的白、黄、粉、蓝、紫色花系，会呈现清新、浪漫、唯美的效果。

（6）最“稳妥”的配色方法

同色系的配色方案不易出错，且视觉效果调和，这就如同绘画需要组织色调一样（图5-11）。

图5-11　高层办公挑空空间的景观带模拟了绿植的园路

5.1.8　好的基质成就好的植栽效果

土壤的质量对于植物的健康不言而喻。不少设计师虽然能创造出优美的绿化景观，但往往忽视了土壤，这可能导致若干年后植物仍长势不旺，这样的设计显然是考虑不够周全的。植物的基质应透气与透水性良好，还需具备一定的肥力。这类基质除了天然土壤外，还有人工加工的。园林中效果较好且常用的基质分类如下。

（1）天然基质

① 腐叶土、堆肥土。腐叶土与堆肥土都是发酵后的土壤。腐叶土多采集于栎树（品质最佳）、针叶树或常绿阔叶树下的天然土壤。腐叶土也可用这些树种腐熟叶片与土壤堆积发酵而成，常见的山泥就是一种腐叶土。

堆肥土是人工合成的发酵土壤，常用残枝落叶、作物的秸秆或无害的有机垃圾等原料混合土壤发酵而成，其肥力稍逊于腐叶土，但仍是优良的栽培基质。

② 泥炭土（图5-12、图5-13）。泥炭土是古代埋藏于地下河湖或沼泽地的水生植物在浸水缺氧的情况下，大量分解不充分的植物残体堆积形成的特殊有机物。泥炭土的pH值呈弱酸性，适合绝大多数植物的生长，且具有保水力强、有机物质丰富、无病虫害与虫卵等特点。泥炭土是我国及园艺发达国家优良的种植用土，也是目前市面上最常见的园艺用土之一。

（2）人工（合成）基质

① 植物干颗粒/体。植物干颗粒是将植物的木质部分如茎杆脱水，打碎，经高温蒸汽消毒并烘干的一类有机基质的总称。常见的植物干颗粒有木屑、椰壳、甘蔗渣等。植物干体是在不破坏植物形态的前提下进行杀菌与烘干处理的产品。常见的植物干体有干水苔、干苔藓、蕨根等。

图5-12、图5-13　学校中庭移栽及调配种植土的场景

水苔的保水透气性好（在使用前需要浸水泡发）、pH值稳定、种植效果卫生，是一种理想的栽培基质，常用于种植兰花、食虫植物与苔藓等（图5-14）。

图5-14 未泡发，呈压缩块状的干水苔

② 无机种植基质。珍珠岩与蛭石是最常见的无机种植基质。珍珠岩是天然铝硅化合物加热至1000℃形成的膨胀材料，蛭石是硅酸盐材料在800~1100℃下形成的云母状物质。两者都具有多孔、通气、保水性良好的特点。珍珠岩与蛭石常与天然基质按比例混合使用，这样可以令土壤更疏松（图5-15）。

图5-15 园林与居家绿化常使用的不同类型的种植基质。① 珍珠岩，② 蛭石，③ 泥炭土

岩棉也是一种无机种植基质。岩棉是以玄武岩、白云石等原材料经1450℃以上的高温熔化后，经离心机高速旋转产生的纤维。岩棉非常适合植物扎根，尤其在幼苗培育期间。

另一种无机种植基质是陶粒。陶粒是由制陶原料烧结而成的小型圆形颗粒，具有不粉化、不褪色、通体一色的特点。陶粒质地轻盈，颗粒直径的规格丰富。大陶粒多用于花盆垫底防止积水，起到排水透气的作用。陶粒还能用于花盆铺面的装饰。不少水培植株选用了陶粒固定植株。掺在土中的小陶粒有利于透水与透气。

③ 有机加工类基质。有机加工类基质选用天然土或火山灰经高温烧制而成，成品为固体小颗粒，具有不粉化或难粉化的特点，且拥有一定肥力。代表有水草泥、赤玉土或仙土等。

虽然不同的植物对土壤的pH值有一定的要求，但以上这些栽培基质基本可以起到很好地缓冲酸碱度的作用，而且它们几乎能胜任室内绿化设计中绝大部分植物的生长要求。

（3）园林覆盖物

园林覆盖物指用于保护与美化土壤表面、改善地表状况（如避免杂草生长）的一类物质的总称，主要分为无机覆盖物和有机覆盖物。

常用的无机覆盖物包括碎石、砂砾、卵石、大颗陶粒、火山石等。其中火山石因取材与质感天然、pH值稳定、耐污性强、透气性好，是最常用的无机覆盖物之一。无机覆盖物具有维护费用低且不易腐烂的特点。

如果说无机覆盖物可以起到装饰土表的作用，那么有机覆盖物则能在装饰的同时还起到生物学的作用。常用的有机覆盖物主要利用经破碎的树木实木部分如树干或树皮，覆盖于花坛、花盆、乔灌木下裸露的地表，以起到保温保湿、增加土壤肥力、促进根系生长的作用。经有机染料染色后的有机覆盖物还能起到丰富景观色彩，增强地表装饰性的作用（图5-16、图5-17）。

图5-16、图5-17 无机覆盖物的火山石与花岗石颗粒。由树干加工而成的、添加了有机色素的彩色系有机覆盖物

5.2　如何更快地获得绿化效果

5.2.1　化繁为简的设计构想

（1）抓住一个点开始设计工作

室内绿化设计是一门综合的设计，几乎每一个点都可以发掘出很多设计构想，对于不熟悉植物与景观设计的室内设计师尤其是初学者而言可谓一大挑战。

为此，抓住一个点开展设计工作显得比较单纯，思路也会更清晰，而且经由单纯切入点展开设计也更容易呈现整体的效果。如只选取一种或一类植物，仅通过形式的变化进行造景；抓住一种主题色进行造景；全部通过垂直绿化造景；或仅用花坛的形式变化来造景。

待获得一个较整体的空间效果后再融入一些装饰手法来活跃氛围，这样空间才不容易琐碎（图5-18）。

（2）植物的力量是巨大的

选用植物进行设计已是一种突破传统建筑材料的设计方法。植物会生长，不少植物会随着季节的变化呈现出不同的效果，这些都是普通建筑材料几乎无法实现的。因此，室内绿化设计在一般情况下其实无须过分花哨的容器与搭配素材，植物天然的形态与色彩足以“震撼”整个空间（图5-19）。

图5-18　公寓中庭使用了最单纯的景观园路法构建的绿化场景

图5-19　机场中庭几乎完全用植物打造了大型室内温室的效果

图5-20 中庭空间通过弧形的元素串联起了各个绿化片段

图5-21、图5-22 餐饮空间及办公大堂内容器统一的盆栽绿化

5.2.2 将分散的绿化片段串联起来

室内绿化设计的应用界面广泛，表达形式丰富，如果每一个局部都个性鲜明，那空间反而会没有主次与和谐感，因此，需通过某种语汇将分散的片段串联起来以形成一个连续的、有机的空间。这种语汇的切入点很多，可以是植物形体、色彩、栽种手法，也可以是花器、应用界面、空间形式等。但无论何种方法，它们都是可以量化、可以系统化的（图5-20）。

5.2.3 简单的盆栽也能创造出效果

（1）统一容器

盆栽是我们最熟悉的绿化装饰方式之一，也是一种高效的绿化。有时不同的造型、大小、材质的花盆摆在一起会显得凌乱，因此有必要从造型、质感、色彩（色调）等方面切入将它们整合起来。如选用大小各异，但都是水泥材质的花盆；各类质感相同的白色瓷盆；表面肌理统一或图案相近的花盆；色彩上具有统一色系的花盆等（图5-21、图5-22）。

同时花盆的色彩与质地还应与空间风格统一起来，这样空间会更整体。

（2）丰富造景层次

① 通过花盆的高差创造层次。复植的绿化通常需要表现前后层次，盆栽组合同样也能表现这种效果。设计中常将高低不同的花盆组合出前景、中景、背景，这样在每一个层级上都有景，空间的高度也能被充分地利用起来（图5-23）。

图5-23　高低错落的花盆可以组合出前后不同的层次

通过这种方法创造的层次还适用于分批采购的植物，即每次采购植物时有意识地选择不同高度的花盆，并逐步将这盆栽的层次组合出来。

② 单盆也能种出复植效果。传统的盆栽大都只种植一棵植物，因为这样有利于提高苗圃的管理效率，也比较有利于后期销售。但这造成了单一的视觉效果，还禁锢了人们的认识，人们觉得盆栽就只能种一种植物。这种现象必须突破，单盆复植就是一种方法。

单盆复植常选择习性相近的植物，通过色彩、构图与植物质感等方面的组合打造丰富的效果。单盆复植有着一种精致与耐看的效果。单盆复植的绿化手法在方寸间创造美，给人新颖与细腻之感。搭配巧妙的单盆复植就好似一处微景观（图5-24、图5-25）。

图5-24、图5-25　单盆复植的绿化视觉效果丰富，装饰性强

图5-26、图5-27 居室中由立式花架构成的植物一角。办公空间中的过道多座式花架构成的对植效果

图5-28、图5-29 办公空间中供绿萝攀爬的金属网花架以及十分随意的洞洞板也能作为一种花架

（3）通过花架丰富效果

花架可以提供植物生长的支持结构，还能进一步展现盆栽植物的美，更能让零散的花盆有一个结构性的展示平台并表现出层次。花架的形式丰富多样，但无论何种形式的花架摆放盆栽时大多遵循下部为大叶片、重色的叶片或花色，上部为小叶片与亮色植物的准则，这样可以避免头重脚轻之感。常见的花架形式如下（图5-26、图5-27）。

① 立式花架。立式花架是最常见的花架形式之一，它将落地盆栽提升到了一定的高度以更适应人欣赏。大部分立式花架只在顶部放置一盆植物。

② 多座式花架。多座式花架是在立式花架的基础上发展而来的，它可以在同一个垂直高度摆放多盆植物，这样可以节约不少空间。另一种多座式花架可以将盆栽摆放得高低错落。这种多座式花架摆放植物的效果层次丰富，但又不会显得凌乱。

③ 网状式花架。网状式花架具有“攀爬网”的功能，是一种开放式的立面植物生长或悬挂平台。网状式花架最常用的材料是金属网，以利于攀缘植物攀爬。

金属或木质的洞洞板、各类编织网等也属于一种网状式花架。这种网状式花架安装便利，植物可以根据展示需要灵活调整。这种花架可以表现随性的绿化装饰，十分适合居家及办公空间（图5-28、图5-29）。

5.2.4 打造一片小场景

单纯的植物绿化会显得过于野趣与缺少生活气息，还缺少给人联想的空间。因此，设计师会添加一些人工装置或素材，以加强绿化的结构感与生活感。这就好比不少风景油画会在画面中添加建筑或船只一样，这样画面会更有焦点，场景还会显得比较“硬朗”。

设计师常会在纯植物绿化的场景中引入一些人物、动物的小雕塑，以模拟精灵与自然对话的场景；或摆放几组装置艺术，与绿化产生一种形式与质感上的对比。不少设计师还会在绿化中摆放几组桌椅，以供人们休息，还能享受自然（图5-30~图5-32）。

5.2.5 尝试融入绿化水景

设计师钟爱水景，因为水的质感与波纹可以快速提升空间效果。绿化水景是植物与水结合的产物，有了植物的加持，水景的效果自然锦上添花。室内绿化设计中若条件允许，不妨引入水景，即使是一处小小的池塘盆景，其灵动的效果也足以吸引人们驻足观看。

单纯的平面绿化水景已可获得不错的效果，若将垂直绿化与水景结合起来，可以进一步拓展绿化的面积，丰富造景的层次。绿化水景中常会放养鱼儿以增加生气。垂直绿化与绿化水景结合在一起可以形成鱼植共生的和谐“景观”（图5-33）。

图5-30~图5-32 融入装置设计、公共艺术及家具（咖啡店）的绿化

图5-33 将绿化水景与垂直绿化结合在一起的办公大堂

5.2.6 江南园林的取景手法

江南园林常通过不同的取景手法在有限的场地内表达空间层次与视觉效果，将这些取景手法应用于室内空间正好契合了小空间表达层次与景深的需要。

江南园林中常用的造景手法是借景（图5-34），即通过远借、邻借、仰借、俯借将周围的景观纳入视线；借景还讲究“应时而借”，即考虑到不同时间、气候、光线条件变化所呈现的效果；“意在笔先”是借景的又一体现，其意义在于创作之前需观察周围环境，为构思做好计划，这就好比为季节性植物做全年规划一样。

图5-34 居室空间通过大开窗与门将室外的绿化引入了室内

借景还常伴随着其他取景方式一同使用，以进一步表现丰富的空间层次，这些取景方式如下。

（1）框景

框景可以将视域范围外的干扰因素排除，以尽可能地留下一幅纯粹的画面；框景还具有加强景深、拉开前后景层次的功能。框景分为先有景后有框与先有框后有景两种形式。

第一种情况需设计好入框的对景，再考虑墙面的开洞或设计“框”的形式，“框”的位置应朝向最美的景物。先有框后有景则应在“框”的对景处或框内规划绿化。框所纳入的景可以是一幅完整的画面，也可以是对景中最精彩的一个局部。在设计中如果条件允许的话，景与框可适当保持一定的距离，这样在走动的过程中对象看起来会更有变化。“框”也有着包含关系，就如同装裱用的画框一样（图5-35）。

（2）漏景

漏景是空间渗透的方法，框景的景色全现，而漏景则是在框的基础上融入了“花窗”的概念，形成了景观含蓄雅致、若隐若现的效果。江南园林中常通过漏窗、漏花墙观景，还时常通过屏风展现朦胧的景致效果。室内绿化设计常通过隔断、构筑物等元素创造漏景。建筑外立面或中庭的玻璃幕墙也可以形成一种漏景效果，玻璃幕墙将外部的绿化在视觉上做了垂直“切分”，对景就好似挂在窗外的一幅幅画卷一样（图5-36）。

（3）夹景

夹景是框景的一种变化形式。夹景是为突出某一优美的景色，将左右或上下两侧凌乱或无关的背景加以屏障，以形成一段空间或是一个空洞。夹景的屏障可以是墙、楼板，也可以是装饰或造型，还可以是植物。夹景运用了透视近大远小的原理，在增加景深的同时还起到了导视的功能（图5-37）。

图5-35 咖啡店的房中房内挂满了绿植，视线效果集中

图5-36 美术馆通过幕墙将室外的山景分割成了画卷效果

图5-37　商业中庭弧形的楼板与线脚形成了绿化夹景

（4）添景

添景是室内绿化设计中两组造景间的过渡景观。当两组绿化相距较远时，常在它们的过渡空间添加一组或几组绿化，以加强绿化与绿化间的连续性，实现节点与节点间的过渡效果。

（5）出景

“春色满园关不住，一枝红杏出墙来”是对出景手法的一种理解。出景的绿化有意识地超出了既有的限定范围，打破了某种规则。出景的方式有超越周围植物的高度、超出种植的容器、超越装饰的造型、超越建筑的结构等手法。出景的设计手法使空间更有张力，形式也更活跃（图5-38~图5-40）。

5.2.7　尝试摆放一件绿化“手作”

室内绿化设计需要大量的经验与实践支持，虽万事开头难，但我们可以尝试在房中摆放一盆植物或是一个苔藓瓶。从家中开始的室内绿化设计将是一件有趣且轻

图5-38~图5-40　各类超越建筑、超越容器的室内绿化设计手法

图5-41 十分随意的居室空间绿化一角，花盆都是陶制品

图5-42、图5-43 大量的盆栽弱化了阁楼墙面与地面的交接空间。仿真植物弱化了楼梯下部与地面的交接空间

松的事，摆弄植物的同时可以使你认识植物，理解空间与植物的关系，了解打理植物的方法，最重要的一点是培养一种对自然的爱（图5-41）。

尝试摆放一件绿化“手作”的方法其实很简单，给买来的盆栽换盆，或随手在路边摘几支野花插入花瓶即可。这些简单的方式便可打造出家中一抹绿色的景观。

5.2.8 塑造“交界”空间

交界空间的绿化一般处于复植绿化的中景位置，这是一个从前景到后景，从水平面到垂直面的过渡层次。

塑造“交界”空间的绿化就好比室内设计中需要处理好水平面与垂直面材料的收头问题（如踢脚）一样；交界空间的绿化还好比素描中的灰部，是一个层次最丰富，最具表现力的区域。交界空间的绿化一般可以被人的视域轻松覆盖，视觉效果良好。因此，设计师常会使用高低、形态、质感、肌理、色彩、形态变化丰富的植物品种来打造交界空间。这样整个绿化设计的形式更饱满，前景至背景的过渡效果也会更自然（图5-42）。

中景的植物可以处理交界空间，各类盆栽同样也能起到界面过渡的效果。盆栽可以很好地将建筑平面与立面的交界线遮挡得若隐若现，以起到柔化空间的效果（图5-43）。

5.3　打造“绿色”的自然风之家

家是盛放心灵的港湾，是阻隔外部喧嚣的场所，家中的绿色总有神奇的魔力，它能消散繁忙生活所产生的倦意，抚慰人们的心灵。家中自然清新的绿植、森系柔和的色调让家的每一寸角落都充满了活力，接受到来自森林的自然礼遇。

家是一个能让人返璞归真的地方，过多繁复的装饰元素反而会产生审美疲劳。我们应当对如今奢华设计有所反思，从自然中感悟生活的本质，回归自然本源的家才是最靠近心灵的场所。阳光洒进房间，令桌上的绿植沐浴其中，让家迸发出其应有的绿色生机。

图5-44　绿植在白色基调的居室空间显得格外鲜亮

5. 3. 1　居家绿化设计要点

（1）与家的基调协调统一或作为空间补充

家中的绿化或花器应与房间的色调、材质与装饰风格相互统一、相互协调，这样各个单位才能在空间中一同发挥着美学作用。

中式风格的室内空间宜选用形式对应的插花或传统盆景，植物上则可选用松柏类、兰花等植物，再配以传统陶或瓷质花盆，以表现古朴、雅致的效果。若是异域的居室风格，则可以选择棕榈、葵类、芋类等热带植物，再配以藤制花器，表现热带风情。

而对于那些风格现代、色调白净的居室，也可尝试融入一些色彩活泼的花卉或彩叶植物，以增加空间活跃的氛围，通过植物来为空间补充色彩（图5–44）。

（2）绿植需主次分明，搭配合理

不少居室空间会同时装饰几组绿化，若要达到整体和谐的空间效果，绿化与绿化间应考虑相互间的联系。如布置时遵循大小、疏密、色彩等因素上的主从关系，这样才能主次分明，视觉效果良好，否则会显得琐碎。

如在客厅一角或阳台上摆放了大型植物，那么在窗台上与茶几上就可以摆放中型与小型绿化，这样可以形成绿化的主次感（图5–45）。

（3）应季而变

居室绿化可适当引入当季的花卉作为色彩点缀，这样可以丰富单一的绿植基调。应季而变的居室绿化会令人感到新鲜与活力。

应季而变的花卉很多，如春天有迎春花、牡丹花、马蹄莲；夏天有百合花、茉莉花；秋天有桂花、米兰；冬天有水仙花、蜡梅花等。

图5–45　窗边的组团绿化是空间重点，书架上的绿化则为呼应

图5-46 餐桌一角。将鲜花插入瓶中即可成为一件轻松的居室绿化

图5-47 手作感强烈，用来摆放风信子的原木花架

插花常选用应季花卉。居家中的插花既可以非常随意，也可以非常艺术化（图5-46）。

（4）因地制宜，植物形态灵活

居室绿化并不是数量的堆砌，因为这样会显得拥挤与杂乱，相反，巧妙地将室内各个零散的空间利用起来，根据场地的大小与高度灵活地选择植物与花器才是一种巧妙的装饰方法。如在窗台上摆上一排多肉植物或挂一盆绿萝；在书架的空闲位置填入苔藓瓶，这些看似随意的绿化装饰其实都是有意识地在利用空间。

（5）手作结合自然，用双手创造美

居室绿化设计的另一个特点便是可以自己制作。因为奢华的成品装饰并不等于心仪的效果，产品过分雕琢的造型往往会显得不近人情。每个家中至少有一件人工打造的物品，这样生活才会富有情趣，绿化设计正好架起了两者间的桥梁。

制作一些有趣的花架是动手爱好者们的最爱，因为成品购买的盆栽可能无法获得一种成就感，但亲手动手打造的绿化作品将成为一件在朋友间“炫耀”的资本。手作之美既质朴又“夺目”（图5-47）。

（6）材料源自生活、源自天然

居家绿化设计的很多材料并不是工业原料，而是生活与自然中常见的材料。许多爱好者都喜欢使用原木，因为木材是最容易加工的材料之一，只要稍加切割，无须复杂的连接工艺便能达到效果。一些水培植物的花瓶并不是从花店买来的，而是再利用的果酱广口瓶。不少人会在瓶口上缠上麻绳，以使瓶子更富有艺术气息。在花园中捡一段枯枝，刷成白色，挂上空气凤梨再配上灯带便可以成为一件悬挂绿化作品。有些动手能力强的设计师通过树脂将植物固定在首饰中，以传达一种“每天将自然戴在身上”的理念。总之，居家绿化设计需在生活中发现美，需在生活中创造美。

5.3.2 居家不同空间的绿化设计

居室空间包括了公共的起居、用餐、厨房等空间；也包括了私密的卧室、书房、卫浴等空间；还有连接户外的阳台、露台或采光中庭等空间。居室空间中靠近南侧或采光良好的窗边可以摆放喜光的植物，而摆放在房间较深处的植物则需轮流补光才能健康，对于那没有条件的空间而言，干花与仿真花这时发挥了优势。

居室中的绿化将分散的空间串联了起来，因为居室中有了绿化，大自然才进入了我们的生活。

图5-48~图5-50 利用台面、地面阴角空间以及墙面布置绿化的玄关

（1）玄关

玄关是进入家中用来换鞋的一个过渡空间，是回家第一进入眼帘的区域。玄关给了每天回家的主人一种温暖与慰藉，玄关是家庭风格的首次展示，也是留给客人的第一印象。户型不同玄关的形式也不同，有的带有缓冲，有的则是一片开放的区域，而有些小户型则可能没有空间意义上的玄关（图5-48~图5-50）。

玄关的形式千变万化，因此玄关绿化更要突出因地制宜之感，并多利用与视线平行的区域或墙面空间。玄关是一处交通节点，除了那些大房型，一般户型不建议在地面摆放盆栽，尤其是那些阔叶植物，因为这样多少会影响通行。不少家庭会在玄关摆放穿衣镜，绿化正好可以布置在镜子附近，反射会使绿化看起来面积增加不少。对于小户型，一处小小的悬挂绿化便能提升整个空间的绿意。不少家庭的玄关采光一般，因此那些不会凋谢的干花或仿真花都是不错的绿化材料。

（2）客厅（起居室）

客厅是家人聚集与会客的场所，也是视听与交流的空间，还可以是下午茶与小憩的区域。客厅几乎是一个家中功能最包容的地方，因此客厅的绿化装饰也具有丰富多彩、手法多变的特性（图5-51）。

通常情况下客厅的角落、沙发旁或入口处会规划落地盆栽，或在视线端点规划一个水族箱，通过这样的方

图5-51 垂直绿化、落地盆栽以及悬挂绿化打造的起居室

图5-52~图5-54 绿植形式丰富是客厅绿化的特点之一

式建立起空间绿化的“骨干结构”。紧接着的则是最丰富的绿化装饰“中间层次”。这类绿化一般比主体绿化体量要小，可以布置在茶几、电视柜上，或是通过花架与悬挂装置布置。而那些小型的、可以轻松拿起来的点缀绿化，如微景观或迷你盆栽，业主则可以根据喜好灵活变换位置。如摆放在中间层次的绿化边形成一个绿化的组合场景，也可将其放在一个精致的小花架上，作为台面上的点睛之笔（图5-52~图5-54）。

我国的大部分的起居室会连着阳台，别墅的则会连着花园或拥有较大的窗户，这部分采光优良的区域将成为一个天然的“植物园”。窗边的绿化可以结合多座式或悬挂式的花架进行装饰，因为这样既可以将植物摆放得更有序，还能节约不少空间。

（3）餐厅/厨房

人们的生活离不开三餐，餐厅是家人几乎每日聚集的场所。鲜花是餐桌上当仁不让的主角，在餐桌上摆上鲜花可以令人食欲大增，不同的节日或家人的生日还可以摆放主题插花，以增添欢快、喜庆的氛围。

图5-55~图5-58　绿化将厨房与餐厅串联了起来。厨房中的绿化既能吊着布置，也可以摆在餐桌上

如果餐桌不够大的话，餐边柜也是一处摆放绿化的好地方。不少家庭还会将植物悬挂在餐桌上方，以此界定用餐的空间（图5-55~图5-58）。

大部分中国家庭的烹饪方式以煎炒为主，强烈的油烟容易影响植物的健康，这些厨房中的绿化可以选择能

图5-59~图5-61 厨房中的绿化为空间增添了不少色彩

够生长在玻璃器皿中的蕨类植物、喜湿植物或微景观。玻璃器皿除了隔离油烟所造成的伤害外，透明的容器也更便于我们观察植物。

对于那些烹饪方式温和或是开放式厨房的家庭而言，绿化装饰则轻松了不少，小型盆栽可以直接悬挂在窗边，这样既不会影响台面的操作空间，又比较卫生。

厨房的主角是各类瓜果蔬菜，用蔬菜来“装扮”厨房真是太合适不过了。时下不少家庭会自己种植有机蔬菜，在厨房中养殖绿油油的有机蔬菜可以为质感冰冷的厨房添加生气，也会使人们料理时的心情更愉悦（图5-59~图5-61）。

（4）卧室

在卧室中摆放植物需稍加谨慎，因为植物在夜间会停止释放氧气，呼出的二氧化碳会影响人的健康，而有些花卉的香气会影响人的健康。但这并不意味着卧室不能摆放植物，其要点是尽可能地避免上述问题对人造成的影响。卧室绿化配色上宜选用色彩淡雅、色调柔和的植物，这样可以给人一种放松、可以安心入睡之感（图5-62~图5-64）。

图5-62 衣柜上摆放了水培插花，墙上是用树叶做的装饰画

图5-63、图5-64　卧室空间常用少量的点缀绿化来丰富空间

（5）卫浴空间

卫浴空间大多贴有面砖，并配有各类的五金件，在视觉上会显得比较冷漠，引入绿化可以提高这一区域的生气。卫浴空间一般采光与通风较弱，湿度较高，这样的环境比较适合那些喜湿、耐阴的植物。

蕨类、竹芋类或苔藓等植物是卫浴空间的常客。布置在镜前的一小抹绿色可以点亮空间，反射还能令绿化的面积看起来更大，这会产生一种巧妙的绿化设计效果（图5-65、图5-66）。

图5-65、图5-66　卫浴空间常会选用那些耐湿喜阴的植物

图5-67~图5-69　工作空间的绿化一般会以主人的喜好个性设置

（6）工作空间（书房、画室、手作间等）

书桌或工作台是这类空间的核心设施，工作空间的绿化装饰多从此处展开，因为这里是阅读、写作或手作时抬头即能看见绿色的地方。各式小型的台面绿化占据了空间的主体位置，窗边的悬挂绿化也是个不错的选择，藤蔓植物常和书架结合在一起给人一种飘逸之感。

工作空间或书房相对比较私密，多为家中特定的成员所设置，因此这里的绿化可以更突出个人的兴趣爱好。工作空间的植物在功能上需要结合主人放松、静心工作的需求，因此稳重的绿色植物是这里的首选。小小的水族箱也是这类空间的常客，因为工作累了，看着鱼儿悠闲地游动可以令人放松，也许还能令主人的创作灵感瞬间迸发（图5-67~图5-69）。

（7）过渡空间（交通空间、辅助空间等）

家居中的过渡空间多指连接各个房间的过道或楼梯等区域。由于其交通要道的特性，绿化常通过墙面或顶面悬挂的形式出现或布置在阴角空间，有的则会在节点处合理地摆放一些落地盆栽以起到导视与迎接的作用。

过渡空间由于没有复杂的功能，因此在绿化设计上可以做得更大胆，一些创意型的手作绿化也常在这里出现（图5-70~图5-73）。

图5-70~图5-73　过渡空间会充分利用各个界面及道具来安排绿化

（8）阳台/露台/中庭

阳台、露台、中庭是居室空间的拓展，它们架起了室内与户外空间的桥梁。这部分除了摆放植物外，还可以在地面铺设防腐木，摆上茶几与椅子，或在其中放上一个小小的池塘盆景。总而言之，这些空间可以成为一处与大自然交流、放松身心的好去处，可以用景观的方式打造。这类空间有南北朝向之分，南侧的阳光充足，

图5-74~图5-77 阳台、露台或采光中庭既是一处天然的绿化布置场地，又是室内空间借景的理想场所。通常这些空间中还会布置各类户外家具，以提供人们一处亲近自然、享受自然的理想空间

可以配置阳性植物、彩叶植物或花卉，但南部夏天较热，需要为植物遮阴并加强浇灌；北侧部分多以散射光为主，阴性植物与绿叶植物可以规划于此。

阳台、露台或是采光中庭如果面积够大，可以考虑规划一个或几个固定花池。因为固定花池具有面积与深度上的优势，这样更利于植物生长。一米菜/花园就是一个不错例子，方寸间便能产生美。户外空间还可以布置垂直绿化或大量的悬挂绿化，垂直绿化可以将建筑外立面充分利用起来，上部空间则可以由大量的悬挂植物填补。通过这些方式将整个空间打造成一个令人羡慕的立体花园（图5-74~图5-77）。

家中的绿化阳台、露台或是采光中庭就好似一个微缩的花园，自然将从这里起步。居家的阳台或露台设计不求极致的新奇风格，但力求达到功能与美学上的统一，以在方寸中寻找美。

设计优良的阳台或露台不仅是一处户外休闲的场所，还是室内空间的借景之处。当分割室内外空间的落地门完全打开时，空间将连成一体，这时室内外绿化交相呼应，美不胜收（图5-78、图5-79）。

每户对阳台、露台或是采光中庭的功能定位不同，有的需要融入晾衣功能，有的可能会融入健身或其他的活动，因此有必要在设计之初就将这部分空间预留出来，这样设计的功能才会更合理。

5.4 设计/施工

5.4.1　室内绿化设计的工作方法

室内绿化设计是整个室内设计有机的一部分，但室内绿化设计也有其特色的工作方法。

（1）考察外部环境并听取委托人的要求

室内绿化设计是“由外而内”“由大而小”的设计。在展开室内绿化设计工作前首先需要了解所有的外部信息并加以梳理、分类与分析（大环境）。如当地的气候条件适合种植什么植物、本土植物有哪些品质、当地植物与风俗的关联等内容。其次是考察建筑周边的环境（中环境），如窗外是否有景观；周边的绿化环境是否优良，因为这些因素决定了是否要处理室内外空间的交接处，是否需要借景等内容。

同时，细心倾听业主的要求也是一项重要的任务。因为设计是一项服务行业，不是随性的艺术发挥，设计

图5-78、图5-79　充满绿植的阳台是一处天然的休闲、品茶场所，也是一处种植绿化、收纳绿植花器的理想空间

图5-80 餐厅选用了与室外生长习性相同的植物来装饰空间

图5-81 绿化设计应用了建筑丰富的交错界面打造了空中花园

图5-82 室内绿化设计必须尊重建筑结构，不可不加限制地改造

师除了具体的设计工作外，还需通过自己的专业知识分析、排查，合理化业主的要求（图5-80）。

完整的环境信息以及明确的业主要求并使接下来的设计工作依据充分。前期准备得越充分，方案的错误率也会相应降低，实施的可行性也就提高了。

（2）考察与分析建筑内环境

室内绿化设计的重要工作是在建筑内部营造一种自然氛围，建筑内部环境（小环境）的考察与分析是整个设计的重点工作。建筑内部的考察工作内容如下。

① 空间特征与应用界面（图5-81）。空间特征是每个空间独有的个性。如层高是高还是低、是否有挑空、空间是圆形还是方形、平面规整与否或是带有棱角、视线通透或是曲折、不同平面立面顶面的比例与视线关系等内容。室内绿化设计是与空间特征与应用界面的一次巧妙结合。

② 植物生长环境。这项内容主要考察室内的光环境。绿化比较理想的选址是那些拥有阳光或自然光的场所，再优良的植物生长灯也无法完全替代阳光。通过照度计记录下室内各个位置的光照参数，以便为室内绿化选址提供依据。还需要考察室内的自然通风状况，因为流动的空气有利于植物的健康。

③ 建筑结构。室内绿化设计是一门科学的设计，而不是无所限制地对室内空间进行改造，所有的工作都是在尊重建筑结构的基础上展开的。对建筑各个界面的荷载、梁柱的位置、可破拆的区域以及工程材料的进出问题都需要有一个全面的了解与评估（图5-82）。

④ 设施可行性基础。设施可行性基础包括水电、通风、空调等内容，因为这部分内容将直接影响到是否可以成功安装植物赖以生存的养护系统。如垂直绿化的滴灌系统需要水源，如现场不具备进水条件则可能需要其他方式来替代。

（3）确定绿化的功能如何参与空间的营造

这是对绿化功能的一个定位过程，其中包括植物的装饰、使用、文化、隐喻等各种功能。定位准确才能指导设计朝着正确的方向发展。结合前期的各种分析数据，这时真正的设计工作才得以展开。

（4）空间规划与绿化形式设计（方案设计）

空间规划与形式设计是设计师最热爱的工作之一。在这个过程中植物被视作一种材料，在保证植物健康的前提下，植物可以参与到设计的各个层面。这个过程需要考虑的问题极其多，如绿化规划在空间中的哪个界面、是否符合人的视线、用何种方式表现、造型是自然的还是几何的、造型是否符合功能、色彩是如何搭配的等问题。

在这个过程中设计师会通过大量的草图表达设计构想，因为草图所见即所得，是脑中抽象的构想最快速的表达方式。待构想比较具象后，再通过CAD将草图初步合理化。设计师还会通过效果图表现三维的设计构想，并通过分析图的方式完整地阐述设计方案。

之后便是对业主进行设计汇报。设计修改与汇报是一个不间断的过程，因为随着方案的深化各类问题都会产生，因此方案的优化是一个无止境的过程（图5-83~图5-86）。

（5）确定植物的品种与装饰材料

前期考察工作中设计师已经大致了解了当地的植物品种，这一步的工作就是根据构想中的绿化形式及色彩选择合适的植物。这个过程通常会和植物供货商进行沟通，咨询货源问题，以便确定方案或及时调整植物。同时，一些辅助表现绿化设计的景观材料也需同步准备起来。因为一些室内设计事务所或装饰施工单位没有景观材料的供货渠道。

（6）返回现场评估方案合理性

返回现场分析方案的合理性是一个持续的过程。因为对于设计师而言，委托的空间往往还比较陌生，不断地往返现场有助于进一步了解空间，以便逐步完善设计构想。有经验的设计师往往是现场发现问题、提出问题并当场解决问题。当设计工作开展到一定阶段后，设计师早已将空间的各个角落铭记于心。

在这个过程中需与委托方保持良好的沟通，汇报工作也仍然在继续中，因为这样能明确业主对方案的认可度，以便继续推进工作。

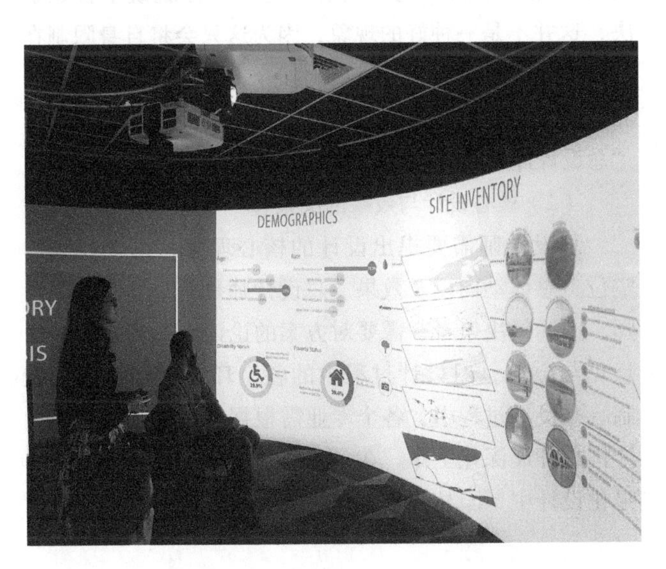

图5-83~图5-86 草图、三维表现、PPT都是室内绿化设计的表达方式

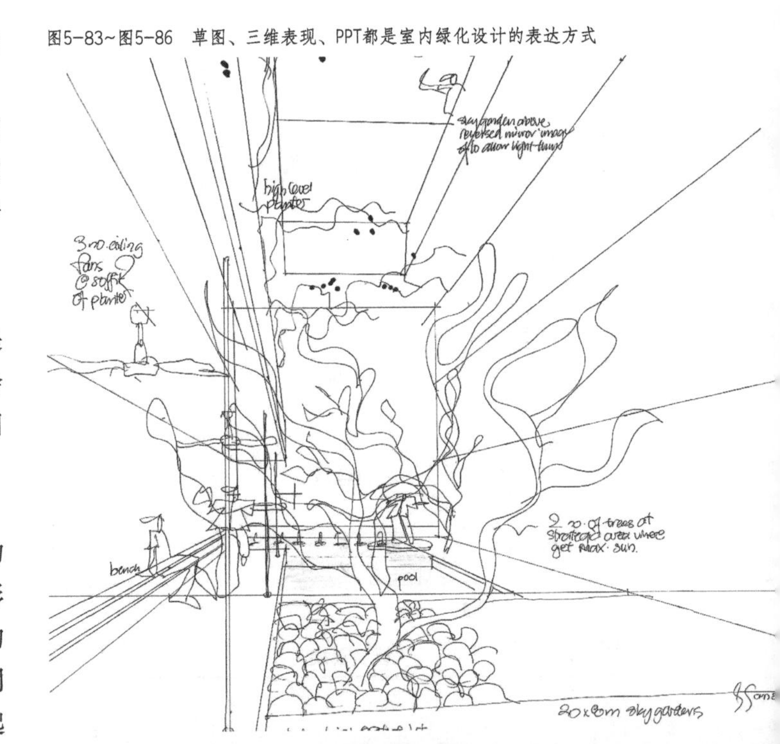

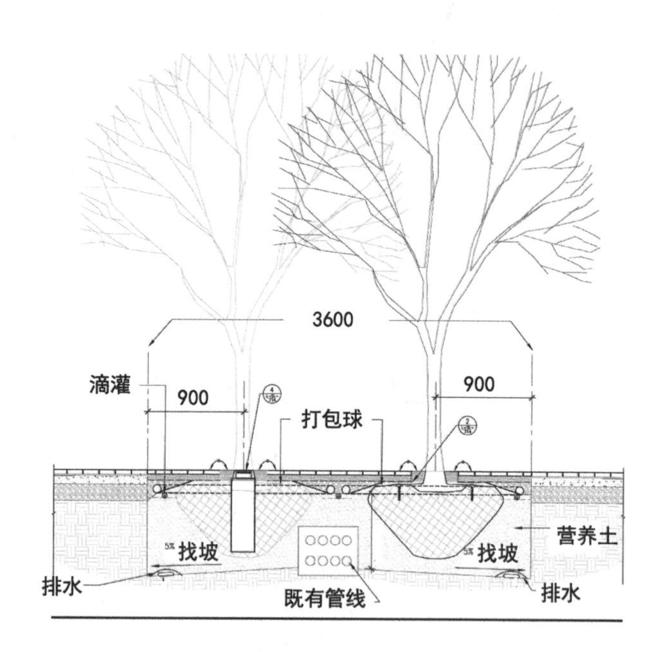

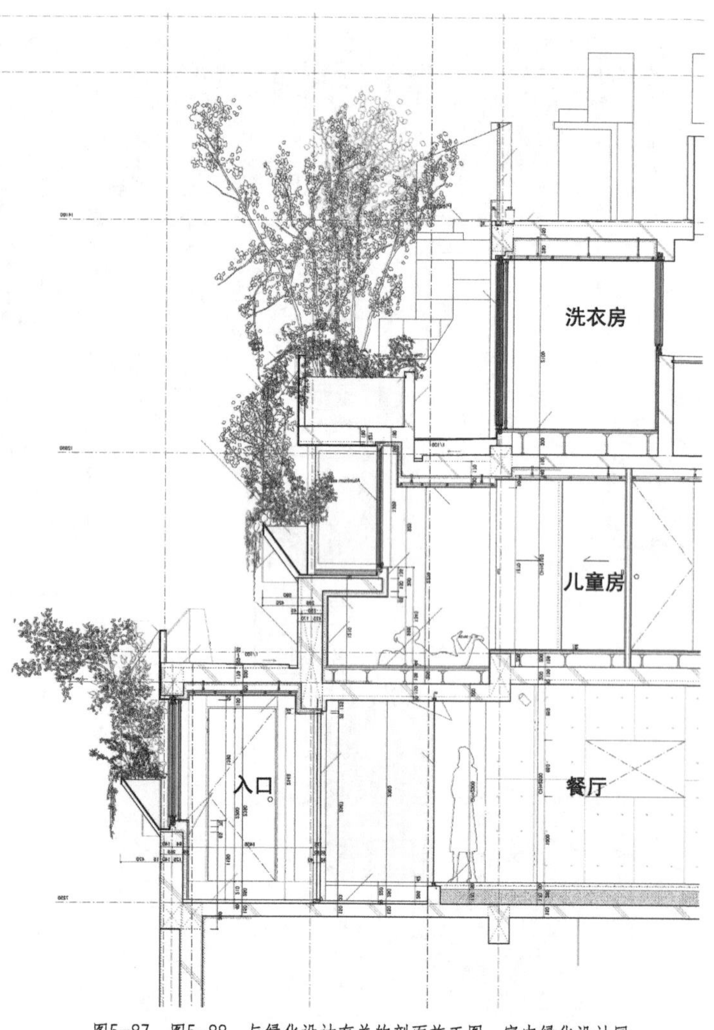

图5-87、图5-88　与绿化设计有关的剖面施工图。室内绿化设计同样需要绘制专业的施工图以指导具体的施工作业

（7）绘制绿化设计图纸

绿化设计图纸包括平面配置图、铺装图、尺寸图、植物配置图、立面图、剖面图、花坛水景构造图、各类节点详图、水电设备图等。虽然这些图纸中会运用到一些景观及园林上的工艺及做法，但设计是相通的，按室内设计的标准其实完全可以绘制这些图纸并进行相应的节点深化工作。细致的图纸是与施工方沟通的重要依据（图5-87、图5-88）。

（8）与施工方的专业交底

施工前与施工方的专业交底必不可少。应提前将图纸提供给施工队以便对方及时消化。在现场交底是个不错的方法，因为三维空间比二维图纸更易理解。施工交底的细致程度是工程质量与设计还原度的重点之一。

5.4.2　总设计师的重要性

（1）总设计师的专业素养

总设计师必须了解各个专业的工作内容，另外还需具有富于创新的设计理念。环境设计，如建筑与景观设计是多专业、多工种的综合设计，总设计师的专业背景虽无法覆盖如此全面的内容，但他们已从大量的实践中获得了宝贵的经验，结合他们富于创新的设计理念以及不断学习的精神，使他们获得了优秀的专业素养，因此能够面对如此之多的专业问题。

植物是一种材料，作为一名室内设计师也应该对绿化的造景效果、植物品种、设备原理以及绿化的构造处理等内容有一个全面的了解，这样才能将室内绿化设计得更合理，才能成为一名复合型的设计师。

如今不少设计师在碰到问题时常以一句“这不是我的专业”或是“这个问题很专业”推脱或不尝试解决，这并不是一种好的现象，因为这只会将自身限制在某一领域，不利于自身发展。如今设计界的趋势是“跨界”“综合”，若想成为一位复合型的设计师，需要将“总设计师的精神”时刻挂在心头。

（2）核心设计与效果的决策者

总设计师需要提出设计的核心理念，把控设计的定位、总体动向以及效果。总设计师是整个空间的规划师、空间的决策者，需要对方案的论证、取舍提出明确意见与方向，对设计过程中的各个环节进行有效的控制。在设计过程中，各个专业需根据总设计师提出的设计构想开展深化工作。在一些复杂的建筑与室内交集的绿化设计中，园林或景观部门会介入设计，但这并不意味着总设计师失去了对这部分设计内容的控制权，相反地，他必须“下达”空间总体的视觉要求以及每一部分的设计原则，以带领各个团队朝一个方向共同努力（图5-89、图5-90）。

（3）不同专业、不同部门协调人

由于总设计师具有全面的专业素养，因此他可以协调不同的专业，并将不同专业间的矛盾问题加以合理化解。由于室内绿化设计具有综合性与复杂性，不同的专业往往无法做到全面兼顾，如绿化的水路管线影响吊顶高度，过大的水景影响了楼板荷载。不同的专业部门多会站在自己的立场上考虑问题，这时总设计师充当起了各专业间的协调人，或抓住主要矛盾解决问题，或通过巧妙的设计构思平衡几者间的关系。

（4）与委托人进行沟通

总设计师除了进行方案汇报外（方案定位、设计构想、不同方案的利弊、可行性、工程造价、项目周期、潜在问题、后期管理等），还需善于倾听业主的要求与意见，做好沟通工作，并将专业的设计内容用通俗易通的方式介绍给对方。贴切与逻辑的表述能力也是总设计师必备的专业素养之一。

室内绿化设计是一门时间的艺术，在作品交付后往往需要大量的养护工作，这些都需要总设计师在设计之初就告知业主，为业主提供一种判断的依据。

如绿化水景需要定期换水并清理池底杂物，若提前告知对方，业主可以决定是“麻烦，取消水景”还是“我有能力维护”，或是告知业主“维护可以通过设备解决，但需要增加造价”。也只有将设计的方方面面问题及时告知业主，业主才能做出取舍的决定。

5.4.3　施工/监理

室内绿化设计是一门综合的、多专业的设计，要想将二维的图纸变成三维的现实场景，需要各方人员达成认识上的一致，才能将整个项目完整、顺利地推进。

整个施工过程中，图纸、透视图以及各类交流架起了施工方与设计方的桥梁。

施工方作为建设者需要站在设计师的角度全面地领会图纸以及完整的设计构想，而设计师也应将设计的意图及各类做法通过图纸细致地表达出来。设计师还需精通或熟悉各类型的工程问题，这样才能与施工方顺畅地交换信息或表达各自的意见，以便合理地解决工程中出现的各类问题或高效地化解矛盾。

图5-89、图5-90　用于办公休闲及接待的室内温室一角。如此复杂的设计与工程需要多专业的配合与协调才能得以实施

图5-91、图5-92 某车站屋顶温室花园项目的设计断面图及项目的施工过程

不少业主会在施工过程中安排监理，设计师在绿化设计的施工过程中同样也充当着监理角色。设计师作为“监理”的工作是复杂的，他必须负责解决现场与图纸的出入、材料与植物的变更，还需把控效果，负责技术答疑等一系列问题。施工现场的情况瞬息万变，即使考虑得再周密的设计也有出错的可能，尤其是在那些复杂的改造类项目上。这时设计师就需要当场处理或解决问题，或重新调整方案以保证施工得以继续。

设计师作为监理的角色并不是简单地监督工程技术及材料问题，他的首要任务是保证设计构想能够通过工程的方式比较完整地表达出来（图5-91、图5-92）。

5.5 管理与维护

5.5.1 绿化设计是一个无止境的过程

绿化设计是一个伴随着永无止境养护的过程，因为植物是一种有生命的材料。

交付时的绿化一般未完全达到成景效果，需要经过一定时间的养护才能逐步成景。即使植物已成景并开始稳定地生长起来也离不开养护工作。浇水与施肥必不可少。植物会不断地生长与蔓延，修剪也需定期进行。

养护工作是绿化设计永远的一部分。管理与维护人员照顾了植物的健康，保持了造景的形态，他们是一群值得尊敬的园艺设计师。

一些有心的设计师即使在项目完成后也会时常回到现场查看绿化效果，并向业主做示范性修剪与维护操作，或充分听取业主的反馈。这也是一种跟踪设计与自我提升的方法。

5.5.2 管理的四个阶段

植物从苗圃出货移植至场地再到适应环境需要一定的时间，每种植物的适应期与扎根的速度都不相同。园林设计中乔木根据体型大小通常需要3~7年的适应期，灌木类需要2年左右的时间，即使是草本类植物也需要1年左右的时间来充分适应环境。

室内绿化设计所选用的植物适应期相对没有这么长，因为一般情况下室内绿化设计不会用到大型乔木，而灌木也会尽可能选择那些较小株形以适应室内空间。小植株也意味着能将移栽前断根的伤害降至最低，因为植物不大，根也不会太大。而那些草本类的植物可以脱盆带土直接种植，这样能缩短植物的适应期。

植物从移栽的那刻起一直到取得阶段性的设计效果一般来说需要经过服土、修养、长成以及控制四个阶段（图5-93~图5-96）。其具体内容如下。

（1）服盆（土）阶段

植物在运输过程中少光缺水，移栽后往往萎靡不振，东倒西歪。植物从移栽直至恢复自然挺立的过程称为服盆或服土阶段。对于植物能否恢复到后几个阶段并进入自力更生的状态，这是一个关键时期。体质良好的植物会健康地成长下去，而那些不能适应环境的植物则会枯萎并遭淘汰。

（2）修养阶段

服土阶段过后需对植物进行修养管理，这是一个帮助植物恢复元气的康复的阶段。这个阶段由于植物的根系未在新的环境中完全展开，新叶也没完全长出，因此这个阶段需循序渐进地提供植物水分、光照、养分等因素，这就如同病人康复后的修养阶段一样，而且需要有规律地进行操作。

经过这个阶段，植物才能开始“自力更生”，今后植物的管理工作可以相对“粗放”起来。

（3）长成阶段

修养阶段过后，植物的根系已充分扎入土壤，这时植物为表现出其自身的姿态或特征开始疯狂地生长，枝叶充分地展开，老旧的树叶被新叶替代，攀缘类植物开始往周边蔓延并尽力“霸占地盘”。此时此刻植物的形态可以用“不修边幅”来形容，既不能完全达到饱满的株形，又没法满足造景的需要。

这时就需要根据设计来决定是继续保持自然生长还是通过人工的方式来加以控制，或是根据当前植物的状态来灵活调整设计构想。如果是自然风格的绿化植物只要稍加修整即可，而对于那些人工型或功能型的绿化设计，则需要进入控制阶段了。

（4）控制阶段

控制阶段，即在植物接近设计的形态或叶展后，通过人工有规律地修剪以保持植物一定的、合乎比例的造型，或通过适当的修剪以保证植物生长过程互不干扰，充分地获得阳光与空气。

管理与维护作业虽不是设计师的工作，但设计师还是非常有必要了解的。当了解管理与维护工作的内容后，设计师可以更有技巧地、更科学地选择那些更容易适应环境的植物，或株形更能得到控制的植物，以进一步提高成景的效率与效果，或反向对成景的时间有一个更科学的预估。

图5-93~图5-96　车站屋顶温室花园的植物从移栽到成景花费了大量时间

5.5.3 割苗、补苗

割苗是为突出主体植物而移除周边遮挡或与之竞争的整株植物或其大部分的茎秆或叶。补苗除了补充死亡的植物外，还可以理解为一种景致的补充。

即使是管理再优良的绿化，个别植株长势过猛或得病枯萎的现象还是不可避免，这时大刀阔斧地进行割苗或补苗操作还是非常有必要的。虽然该作业具有一定工程量，但其不失为一种非常实用的方法。

定期补充一些新植物能保持造景的新鲜感，如不少花坛会定期更新花卉一样。补苗是绿化设计能够不断“升级”、与时俱进的一种方法体现。

5.6 设备与技术支持

5.6.1 主要设备

使用设备可以将养护植物的过程尽可能地从双手中解放出来。如今的植物养殖系统已基本实现了自动化及远程控制。使用网络也意味着用户无论身处世界何地都可以通过手机远程控制（图5-97）。

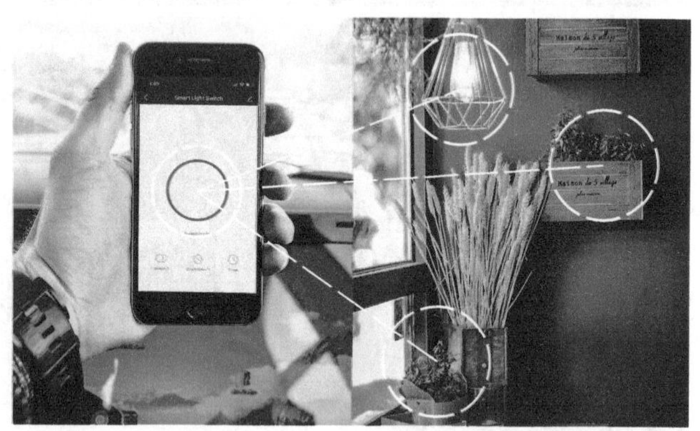

图5-97　通过手机管理的智能家居系统，其中的定时功能可以应用于各类绿化养殖系统

室内绿化设计中与植物的状态最息息相关、最实用的设备系统如下。

（1）浇灌系统

浇灌系统最核心的部分是水源、导水管路及喷头等。当进水点（水龙头）开启后，水通过管路被输送到各个喷头以供给植物（图5-98）。

通过电磁阀再配以（机械/网络）定时器可以使开关进水的过程自动化。如今市面上可以买到各类电磁阀与无线网络定时器合二为一的浇灌器产品。

（2）循环（浇灌）系统

循环浇灌系统是将容器内的水引至植物根部再流回容器内的一个完整过程。循环浇灌系统的核心是储存水源（储水箱）、导水管路及水泵。循环浇灌系统由于拥有储水箱，即使没有外来的水源，也能在一定的时段内实现自给自足的浇灌操作。

循环浇灌系统常通过浮球开合器为水箱提供自动加水操作（图5-99）。

图5-98　连接外部水源，配有电磁阀的无线网络浇灌器

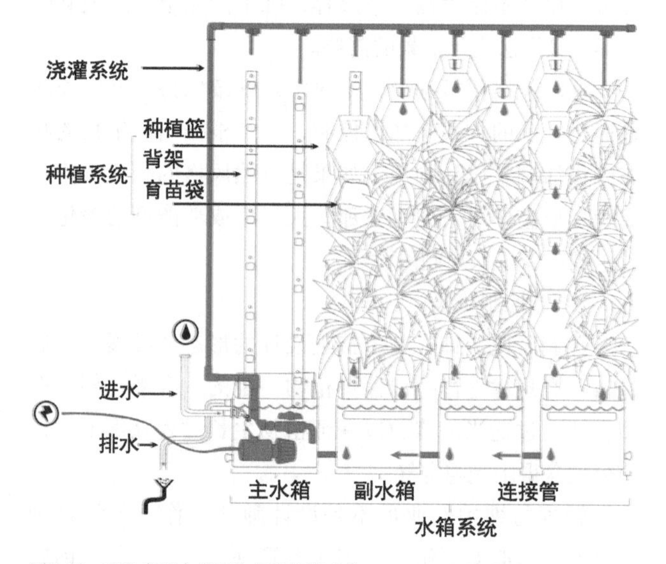

图5-99　可以实现内循环的智能浇灌系统

（3）照明系统

植物照明系统是在光照不足的情况下为植物提供补光的人工光及控制器系统。

植物照明系统最常用的光源为植物补光钠灯、金属卤灯、LED植物灯、三基色荧光灯等。这类光源都拥有植物生长所需要的红蓝光谱。

植物补光钠灯富含植物所需的红蓝光光谱，且流明输出高。金属卤灯含有丰富的蓝光但发热与成本较高。三基色荧光灯虽光谱不及以上两种光源，但常通过增加照射时间来适当弥补光质不足的问题，因其成本低廉与显色良好，在居家绿化尤其是水族领域使用较为普遍。

如今LED植物灯是重要的室内植物光源。LED植物灯具有节能、环保、光谱全面的特点，且产品的红蓝配比灵活，有的产品还增加了红外和紫外光，以适应各类植物的需要。一般市售的全光谱LED植物灯已能满足大部分植物的生长需求（图5-100、图5-101）。

5.6.2　其他重要设备

雨林场景以及需要湿润空气的苔藓造景常会使用喷淋系统。喷淋系统的核心是水源、增压泵、管路及雾化喷头。水源通过增压泵经由雾化喷头细化并喷洒到植物的叶片上，极细小的水珠可以在叶片表面停留更久。

其他的设备如加热垫或加热棒、通风用的风扇也时常根据需要灵活配置（图5-102）。

运用不同的设备可以使大型绿化的管理与维护变得高效。各类设备需要在设计进行到一定的阶段就考虑加入，这样才能将那些复杂的管线与电机巧妙地隐藏起来，还能兼顾日后的检修与更换。

5.7　室内绿化设计的关键词

· 空间

室内绿化设计不是简单的后期植物装饰，而是巧妙结合空间的有机设计，可以称之为室内绿化规划设计。

· 植物

植物是室内绿化设计的核心材料，也是一种有生命的材料。植物的形态与色彩同建筑材料相比独具魅力，其肌理与质感也是一般的建筑材料所无法比拟的。

· 功能

植物是一种材料，因此在保证植物健康的前提下，它可以参与到室内设计的每一项内容。

· 习性

室内绿化设计需要尊重植物的生长习性以及生长规律，不应背道而驰，否则室内绿化设计就无从谈起。

图5-100、图5-101　应用于不同空间的植物灯

图5-102　应用于雨林造景的喷淋系统

· 艺术

室内绿化设计是基于美学的空间设计，不是单纯的种花种草，设计处处都需要体现艺术与美的价值。

· 时间

室内绿化设计需把成景的时间因素纳入其中，还需对季节性植物所展现的效果有一个系统性的规划。

· 养护

植物的生长中需要不间断的养护工作，这样才能保证植物的健康以及可控的形态。

· 形式

形式是绿化设计给人的第一视觉印象，也是室内绿化设计的重要内容。

· 综合性

室内绿化设计是多专业的综合设计，因此设计师需要拥有全方位的设计素养。

· 材质

室内绿化设计不是单纯的植物堆砌，还需配合不同的材质才能形成统一的风格（图5-103）。

· 技术

由于室内外环境存在差异，因此在室内若想将植物养好需要技术与设备的支持。充分应用新技术与新设备是当下室内绿化设计的一大趋势。

· 人

室内绿化设计的最终受益者还是人，因此设计需从人的角度出发分析与考虑各类问题。许多绿化设计的答案其实都可以从人的行为方式、视线规律、心理感受、生理感受，以及业主的个人喜好等方面获得线索。

· 创意

好的设计需要脑洞大开，大胆创意。

关于室内绿化设计的关键词不仅适用于公共空间，还适用于居家绿化以及微景观，因为事无粗细，方法无大小（图5-104）。

5.8 本章小结

设计技巧并不是花哨地作秀与练练手上功夫，而是经过提炼后的设计方法以及一种举一反三的工作方式。设计技巧可以令设计工作更高效。

每个人都有独特的设计技巧与记录创意的方法。有些设计师通过摄影记录生活，有的设计师喜欢通过草图表达想法，而有的设计师喜欢联想，常将不同的事物组合在一起。平日准备一本速写本，时常记录生活中的各类绿化场景与元素，这也是一种绿化设计技巧的体现。

图5-103 洗手间中的镜子使得绿化的面积在视觉上增大了一倍

图5-104 办公中庭充满了植物，引入的木屋及滑梯增加了娱乐性

思考与延伸

1. 设计过程中如何能加强植物的效果？
2. 如何既能保证绿化的效果又能保证植物的健康？
3. 尝试用规范的流程进行一次室内绿化设计？
4. 当下有哪些辅助绿化设计的硬件与技术？

第 6 章　室内绿化设计——微景观

微景观一词如今已不为我们所陌生，尤其是苔藓微景观。一个玻璃瓶，几片苔藓，再加上一些迷你的植物便可以打造出一片桌面上的绿色小世界。这个“微观”的世界在满足人们对于自然渴望的同时，还调节了人们的心情。易于打理也使微景观更容易被工作繁忙的人们所接受。更重要的是微景观可以自己动手制作，这满足了人们创造自然的美好愿望。微景观十分贴近生活，类型也非常丰富，可以说每个人的心中都拥有一种对微景观的理解，每个人都能按照自己的构想与方式制作微景观。

本章主要从认识的角度介绍微景观，从植物的角度介绍微景观的类型，还分析了当下人们为什么如此喜欢微景观的原因，这样可以使读者在整体上对微景观有一个了解。

6.1　什么是微景观

6.1.1　大众认识

谈到微景观，大部分人的反应是养在玻璃瓶里的苔藓微景观或生态瓶，英文称之为terrarium（生物育养箱或玻璃花园）。如果按玻璃容器养殖植物的方式寻找出处，其实可以追溯到1829年。

当时英国人华德（Ward）博士发现了华德箱原理，即一种在封闭的玻璃箱中种植蕨类与花卉的方法。容器中土壤的水分蒸发后又回流到土壤再供给植物。透过玻璃，植物可以获得阳光，植物在容器内的呼吸循环创造了一个小小的生态圈，其中的植物虽生长异常缓慢但不会死亡（图6-1、图6-2）。

这就是如今玻璃瓶内的微景观雏形。华德博士的发现如今以微景观的形式在年轻一代乃至世界上风靡起来。

在封闭的环境中通过植物来创造生态圈以改善环境的原理还被运用到了著名的巴黎植物园温室中，同时也对在室内空间中应用绿化产生了启示作用。

人们最熟悉的生态微景观多选用苔藓、蕨类以及一些小型耐湿植物，或是生长习性相同或相近的植物，运用造景与构图的方法将各类元素组合在玻璃容器内。大部分玻璃瓶中的生态微景观都会使用苔藓，因为苔藓是一种小型绿色植物，结构简单且生长缓慢。苔藓喜欢潮湿环境，对光照要求不是很高，小巧可爱的植株形态更是适合打造微型的场景。

苔藓是微景观的灵魂之一，这也是生态微景观以苔藓瓶为代表的重要原因。

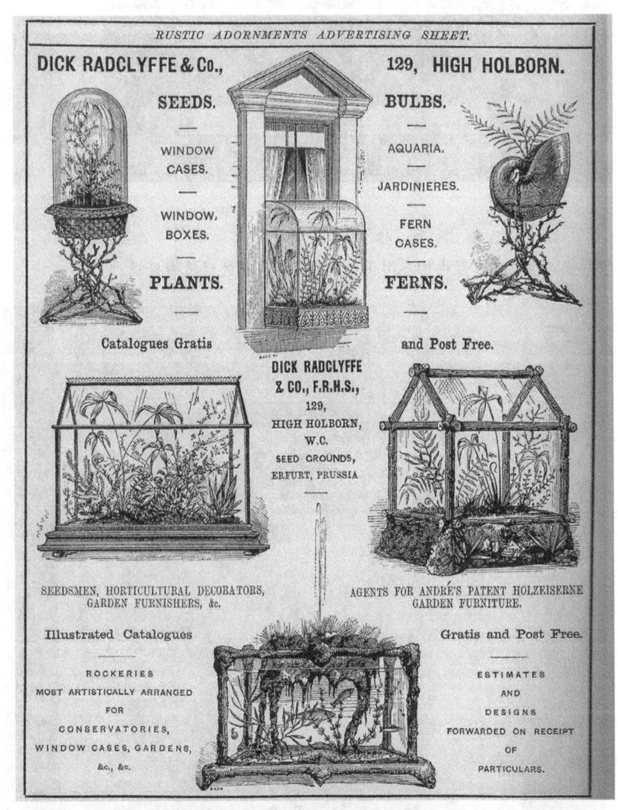

图6-1、图6-2　华德箱原理的容器可以视作现代苔藓微景观的雏形

图6-3 摆放在客厅中的小型化、双手就能托起的绿植微景观

图6-4 书架上的多肉与空气凤梨微景观

6.1.2 广义理解

如今的生态微景观除了可以在花店或水族店购买，在超市、文具店中也有其身影，一些手作工作室也开设了苔藓微景观的课程。大量的商业行为使人们觉得微景观只有苔藓瓶一种，其实不然。就如同室内绿化设计会应用不同的栽种容器、选择多样的植物品种并创造不同的形式与风格一样，微景观的定义其实也十分宽泛。它们的分类如下。

（1）一种小型的绿化艺术

微景观十分贴近生活，并没有严格的学术定义，常见的微景观其实只是一种小型的绿化艺术形式。苔藓微景观最初可能只是一些爱好者为了居家装饰自发打造的。微景观的大小也并没有一个严格的规定，为了突出“微”的特点，大部分的微景观两手就能拿起。

因此我们说，其实只要符合双手可以轻松拿起，小型绿植，再加上一个合适的尺寸，一般而言就可以算是一件微景观作品了（图6–3）。

（2）植物的素材与表现形式丰富

自然界中有着丰富的植物群落，微景观将这种丰富的自然组合浓缩并展示给了我们。自然界中的许多植物，不仅只有苔藓与蕨类，其实都可以成为微景观的植物素材。微景观所使用的容器与表现形式其实也是丰富多彩的，许多设计师即使不用苔藓，不使用玻璃瓶，也能制作出标新立异的微景观作品。

（3）富有趣味性

尺寸小是微景观的一大特点，但仅靠小还不足以风靡起来。富有趣味性，足不出户便能满足人们领略自然、拥有自然、激发想象的愿望，是微景观的又一大特点。许多苔藓微景观或水族造景都以表现森林为主题，森林对于城市中的人们来说是一处既陌生又好奇的地方，微景观无形中激发了人们对于森林的想象空间。微景观中时常会配有小动物或人物的饰品，就好似森林中童话故事的主角，满足了人们从儿时起就对童话世界充满的好奇之感。不少微景观作品都拥有有趣的名字，以给人一种联想。而那些形态各异、色彩艳丽的植物也充分抓住了白领猎奇的心理。每日给植物喷水的操作也令枯燥的工作产生了一种趣味（图6–4）。

（4）场景“微缩”却以小见大

微景观的“微”其实是一个相对概念。与居室的尺度相比，桌面上的苔藓瓶可以称之为“微”，但若将其移至大空间的公共建筑中，苔藓瓶可能只能用“微不足道”来形容。若将一个十字路口的街角花园移至家中，那整个房间都会被占满，但如果将其移至机场或火车站大厅内，那可能只是一处小小的休息场地；雨林中对于我们而言高耸的瀑布，对于自然界来说实在是太渺小了。

所以说，微景观的微其实不能以绝对大小来衡量。大型公共建筑常在室内融入庭院，并运用各类视觉技巧，通过微缩造景的手法创造一片有树有水、供人欣赏与休闲的场所，就如同江南园林在有限的空间内尽可能创造更多的空间层次，以小见大，还原自然气息一样。

微景观是一个开放的概念，而对于公共建筑来说，室内绿化设计是人们为追求自然、欣赏自然而融入的一种自然景观的缩影。对于居家空间而言，无论选用何种大小的植物与表现手法，其实都可以算是一种微景观的形式（图6-5~图6-7）。

每个人心中都有一个对于微景观的理解。微景观其实并不是买一个苔藓瓶放在桌上用来欣赏那么简单的事，而是你那份热爱自然、参与营造自然的心，这也是本书的重点之一。

6.2　微景观的类型

6.2.1　苔藓（类）微景观

（1）以苔为美的景观

苔藓植物具有独特的光泽与细腻的质感，大多数的苔藓品种青翠常绿，给人以古朴典雅、清纯宁静、自然和谐之感。苔藓的视觉效果单纯，可以很好地衬托其他的植物。在园林上，利用苔藓植物作为造景材料并结合山石、水景、树木、花草等元素可形成独特的园景。

我国江南园林中的台阶及地面上都长有苔藓，苔藓将这些材料的表面包裹了起来，就好似穿了一件绿色的外衣。我国传统的盆景艺术会在土层表面种植苔藓，就好似绿色的草坪一样。苔藓与盆景中形态各异的植物交相呼应，共同打造出一片微型的自然世界。

许多诗人还将苔藓引入了作品中。唐代著名诗人刘禹锡在《陋室铭》中就写到“苔痕上阶绿，草色入帘青”，李贺在《南山田中行》中写到“秋野明，秋风白，塘水漻漻虫啧啧。云根苔藓山上石，冷红泣露娇啼色”，顾况在《苔藓山歌》中写到“野人夜梦江南山，江南山深松桂闲。野人觉后长叹息，帖藓粘苔作山色”。可见文人墨客对于苔藓的喜爱之情。

图6-5~图6-7　室内空间中以及苔藓瓶中的瀑布都是一种对自然瀑布景观的微缩与致敬

日本园林中应用苔藓植物的历史较早。西芳寺是日本最著名的苔藓公园，又称为苔寺，其前身是由圣德太子的别墅改建的寺院，于1339年由梦窗疎石重新兴建。16世纪后期的不少日本茶园和寺庙使用苔藓取代草本植物作为地表覆盖物，供游人观赏。著名的日本枯山水庭院的重要景观元素就是白沙和苔藓（图6-8）。

可见，即使是小小的苔藓，无论是国内还是国外，很早就进入了人们的视线并广泛应用在了园林景观中。

绝大部分的苔藓给人娇小如绒的感受，即使没有任何植物搭配，苔藓本身就是天然的微缩景观，因此苔藓成了微景观的代名词。

图6-8 日式园林中苔藓与枯山水结合的造景

（2）苔藓微景观的形式

① 苔藓瓶（图6-9）。苔藓瓶又称苔藓微景观或生态瓶，是微景观中普及面最广、也是为我们最熟悉的一种微景观形式。

一般市售的苔藓瓶多将小型蕨类或一些阴性植物与苔藓搭配在一起种在容器内。容器多以玻璃容器为主（如木塞瓶），因为玻璃容器具有简约、通透的特点，可以很好地展示瓶内的植物。相对于一般的盆栽植物，苔藓瓶由于运用了华德箱原理，因此具有一个基础的、小小的内循环系统，养殖时的水分及湿度，尤其在冬天相对好控制些。

苔藓瓶最初的立意可能很单纯，即利用玻璃瓶半密封的环境保持湿度，把苔藓养好，而且用玻璃瓶的装饰效果也很好。如今随着加快的生活节奏，很少有人会花大把的时间去照顾花草，而看惯了普通植物的人们发现苔藓瓶比较新奇，放在桌上可以适当缓解疲劳，再加上其易于打理的特性，因此苔藓瓶很快就被人们所接纳并流行了起来。

图6-9 以苔藓作为主要材料的苔藓微景观

② 苔玉（图6-10）。苔玉始于日本江户年代，是一种由日本盆景演变而来的古老艺术，也是一种用苔藓包裹植物根部的植栽方法（制作时先以土壤包裹植物根部形成球状，再以青苔包覆球外）。大部分的花草是种在花盆内的，这种方式久而久之会限制植物根部的生长空间，而苔玉这种盆景形式不存在这个问题，因为土球及苔藓都是天然原料，植物的根部可以长穿这些原料。这种技术就好似移栽前对植物根部打包一样。

用一种植物承载另一种植物的方法，体现了人对植物的尊重，也造就了一种人与自然的和谐之感。苔玉常选用一些朴实的花草制作，一花一草、一土一木就可以构成一件苔玉作品，因为当时的园艺家们认为无须繁华的装饰，最自然的就是最美的。

图6-10 以大灰藓包裹植物根部土球的苔玉艺术

苔玉之美是一种“侘寂”（事物的本源）的美，即追求无须繁华的装饰，强调简单利落的造型，强调事物质朴的内在美。这是一种受大自然启发的清新自然之美，是一种传统的简约之美。侘寂也可以理解为禅意，使人们联想到江南园林中爬满青苔的石阶，以及经历百年风雨的、表面呈现纹理的木柱。

苔藓与侘寂之美在精神上高度契合，苔藓古朴典雅、清纯宁静之感将苔玉表现得淋漓尽致（图6–11）。

③ 苔藓球。苔玉将植物与苔藓结合，用质朴的方式体现了一种清新的自然之美，而表现苔藓的另一种形式——苔藓球，则追求了最为纯粹的苔藓之美。苔藓球是将苔藓植物种植在富含养分的基质球上（完成后的直径约5cm），并按苔藓在自然界中所需的温度、湿度等自然因素，通过人工的方式精心管理与维护，以将苔藓最极致的、在自然界中因种种限制所无法展现的状态充分激发了出来（图6–12~图6–14）。

相对苔玉而言，苔藓球在尺寸上小了不少，制作起来也更容易。因为是亲手制作的有生命的作品，所以人们会更加珍惜与越发关心。若希望看到苔藓最佳的状态，需要通过时间的积淀并用心地养护才能获得回报。如果想养出状态至少需要2~4个月的时间，这需要极大的耐心，也是一种心境的修行，还是一种技术的考验。

当你从小小的苔藓球中获得了管理植物、关怀自然的那份心时，也许你会发现你再也不会忘记为家中的绿植浇水了，你还会时常提醒周边的人植物需要晒太阳，并且还会时常会停下脚步仔细观察周围的植物。这时你会发现自然界会带给你无穷的乐趣与灵感。

图6–11　以雀舌黄杨作为上部植物的苔玉

图6–12~图6–14　形式单纯的苔藓球，上部所有的苔藓都状态饱满

图6-15 苔藓盆栽是苔藓最单纯的一种表现形式

④ 苔藓盆栽（图6-15）。其实更质朴的苔藓微景观不是苔藓瓶，也不是苔玉与苔藓球，而是我们最熟悉的一种植方式——盆栽。因为各类质朴的容器一旦种上苔藓就能获得无穷的自然能量，拿在手中就好像拥有了一片自然天地。苔藓盆栽相对上述几种苔藓微景观的形式，制作极为简易，只需要在花盆中填入土，再铺上苔藓压实即可，若再搭配一些小型植物或天然的材料，效果就更丰富了。

苔藓的耐旱能力很强，偶尔忘记喷水问题也不大。那些苦于将绿萝养死的人，请尝试苔藓盆栽吧。

（3）苔藓的品种

苔藓植物是一种小型的绿色植物，结构简单，仅包含拟茎、拟叶和拟根几部分。苔藓品种很多，全世界约有23000种苔藓植物，我国约有2800多种。制作苔藓瓶常选用那些形态饱满、叶形秀美、色彩优雅的苔藓植物。

① 白发藓（图6–16、图6–17）。白发藓科的苔藓可以忍受一定的干燥环境，缺失水分后叶片会微微发白，因此而得名。具有光泽的叶片是这类苔藓的一大特征。桧叶白发藓（茎直立，高2~3cm，叶片长3~4mm，基部与中部较粗，顶部较细）是苔藓类微景观使用频率较高的一种苔藓。因为这种苔藓即使干燥叶片也能保持形状，除了颜色会越干越白外，其他方面和湿润、健康时的形态几乎没什么不同。

图6-16、图6-17 前景为白发藓的微景观

生长旺盛的桧叶白发藓群落就好似组合在一起的一个个小鼓包，因此人们常称其为“馒头苔”。

② 尖叶匐灯藓（图6-18）。尖叶匐灯藓（具有高2~4cm的直立茎与扩张用的匍匐茎）在公园或大学的各个角落很常见，它的新叶呈黄绿色，水嫩水嫩的，长成的叶子则是亮绿色的。尖叶匐灯藓具有匍匐茎，能形成群落效果。尖叶匐灯藓对湿度极为敏感，稍有干燥，叶片就会起褶皱，但因其具有可爱娇嫩的形态，所以尖叶匐灯藓在苔藓微景观中有着很高的人气。

图6-18　用水灵灵的尖叶匐灯藓制作的苔藓球

图6-19　使用大灰藓制作的各类苔玉

③ 大灰藓（图6-19）。人们时常能在日照良好的地表看到大灰藓（拥有10cm左右的茎，茎的左右两侧生长出对称的枝条与叶，整体上从基部到茎的顶部呈现三角形）的身影，它也是公园中的常客。大灰藓耐干燥、生命力强，因此它是一种很受欢迎的苔藓。大灰藓可以接受不同的照度，日照强烈时会呈褐色，日照弱时则显绿色。大灰藓根据不同的湿度外观变化较大，湿润时叶片平坦，干燥时会整体向内卷曲，但遇水又会恢复原状（这也是大多数苔藓的特性）。大灰藓是制作苔玉包覆植物根部土球的主材，在园艺店中也很受欢迎。

④ 葫芦藓（图6-20）。葫芦藓（体型小巧，茎长约1cm，叶片黄绿色，在每个茎的顶部会长出苞蒴，形成密集的效果）是一年生苔藓，但其繁殖能力很强。庭院与田间的角落随处可见葫芦藓，从花店买来的盆栽或盆景的土表经常也能看到这种苔藓。因为是一年生苔藓，因此葫芦藓会加紧繁殖，通过长出的葫芦形苞蒴传播孢子，这也是葫芦藓得名的原因。每年的5~7月，葫芦藓就会长出密密麻麻的苞蒴，刚长出的苞蒴为绿色的，成熟的苞蒴为黄色或橙色，枯萎后则呈砖红色。欣赏葫芦藓色彩缤纷且有趣的“小天线”正是养殖葫芦藓的一大乐趣。

图6-20　苞蒴开始变色的葫芦藓微景观

图6-21 城市中很多背阴潮湿的地方都能发现苔藓的身影

图6-22 各色蕨类植物是苔藓瓶常用的材料

⑤ 身边有趣的苔藓品种（图6-21）。其实用于微景观的苔藓远不止以上几种。我们周围充满了苔藓，花园中、公园里、墙角等位置都有苔藓，而且时常还能看到不同苔藓共生现象。身边的苔藓都是理想的素材，野采也是有趣的事，更是一次和大自然亲密的接触。微景观中的苔藓品种还需读者自己发掘。

（4）与苔藓搭配的植物

将那些生长习性与苔藓相同或相近的植物组合在一起，植物才能长得更好。常与苔藓搭配的植物有耐阴的蕨类植物、食虫类植物、喜湿或雨林类等植物。还有一点就是在这些范围内选择那些株形较小、能与苔藓搭配出微景观场景感的植物（图6-22）。

平日多观察苔藓的生长环境以及与苔藓共生的植物，对选择苔藓微景观的植物有很好的帮助作用。

6.2.2 水草造景

水草造景是水生植物结合沉木、沙石等素材，通过艺术与构图的手法再配以生物，打造出的水下园林世界。水草造景需要一定的设备与技术支持，一旦水族箱内的各种生物与设备通过合理搭配达到了平衡，就会像大自然一样成为一个微型的生态系统。

从水族馆大型的生态鱼池，到可以放在家中的鱼缸乃至窗边一盆小碗莲，水族箱的尺寸跨度巨大，但无论何种规格的水族箱都以表现自然、浓缩自然为主题。其实，一般家居的水族箱多以0.3~1m长较为常见，这个尺寸对于大部分的苔藓瓶而言的确是大了些，但相对于水族馆的规模小了不少，也足以表现层次。这个尺寸区间对于一般的家居空间比例也比较协调。

不少水草造景爱好者当初都是从养鱼开始的，看着鱼儿在水中无拘无束地游动会使人感到放松，并进入“呆萌”状态。随着他们对水族技术与设备的进一步了解，许多人开始尝试更高一级的水族领域，即将鱼缸打造成一个自然的水下水草世界。这时水族箱成为创作的平台，水草成为造景的材料，水草造景“永无止境”的过程便开始了。

（1）水草造景的特点

① 不可移动性。除了那些掌上鱼缸或水培植物外，因为水的质量较大，一般的水族箱具有不可移动的特点，且对承载的柜子也有一定的要求。因此，在准备打造一个水族箱前，需提前想好一处合理的摆放位置（图6-23）。

图6-23 阳光下的水族箱，长出水面的水草显得生机勃勃

通常水族箱会规划在人们逗留或过道位置以便于欣赏，如家居中的客厅或书房，公共空间中的大厅或过道；水族箱作为空间隔断的效果也不错，因为在解决功能的同时视觉效果也很好；有些爱好者会将鱼缸放在家中的玄关位置，因为每天回家就能看到，心情会很舒畅；对于那些技术控而言，他们喜欢将鱼缸放在离水源更近的地方，因为换水十分方便。

② 时间性与预估性。水草是有生命的素材，因此，水草造景同样具有时间性。水草的茎叶娇嫩，稍有磕碰便会损伤，经长途运输移栽后的水草常东倒西歪，种下后需要一定时间恢复才能进入稳定的生长期。一些水上叶水草在种下后还需经过转水的过程。

刚种下的水草基本不会很壮实，叶片不会很多，茎也是很短的，给人稀稀拉拉之感，即使再密植的水草也不会呈现多么优良的状态，这样的景象其实与陆生植物还是有差距的。但随着时间的推移，前景的矮珍珠草逐渐蔓延开来，覆盖了裸露的基质；后景的牛顿草也长高了，发出了红色，空间逐渐丰满了起来；中景的水榕则将石块遮挡得若隐若现，看起来非常自然；莫斯爬满了沉木，就好似雨林中的流木一样。

水草一旦适应水质，那些阳性水草便会疯长起来，没多久便会占据整个水族箱，这时控制这些水草又成了每个月的例行公事。而那些构图优美、造型优良的水草造景作品是通过多次修剪才能逐步达到效果的。

其实管理水草造景与管理陆生植物需要的四个阶段几乎一样，都需要时间来积淀（图6-24）。

水草造景需要预估水草的蔓延范围、生长高度、水草将来会发出的色彩，更重要的是预估水草与构图骨架结合的贴切效果。

不少水草造景作品构图骨架看似富有新意，但水草无法与构图紧密结合，这样即使再优秀的构图也失去了意义。

图6-24 配有小型二氧化碳钢瓶的桌面小水族箱

③ 艺术性。水草造景的灵感多来源于自然，但又高于自然，因此，水草造景需要大量的美学与造景技巧来组织各个元素间的关系。好的构图是造景成败与否的关键之一，因为这些构图“骨架”即使在没有种上水草的时候也已经非常优美了。

除了构图外，水草造景的方法很多，本书中各种绿化设计方式其实都可以在水族箱中进行尝试。因为水草造景其实就是打造一个迷你的园林世界，水草造景与室内绿化设计这两个领域并没有矛盾（图6-25）。

图6-25 灵感来源于秀丽山景的水草造景

图6-26 水草造景在骨架阶段就需预估水草的长成效果

图6-27、图6-28 通过不同类型的设备支持着的水草造景

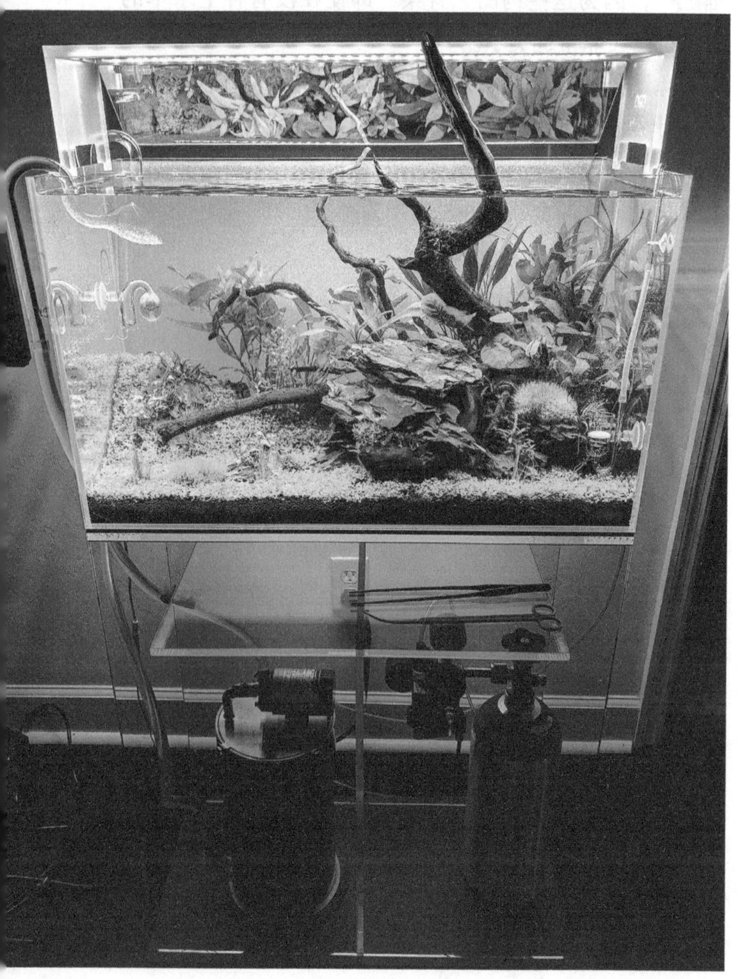

有的作品由于疏忽了植物生长的速度，水草长得满缸都是，久而久之，当初优美的构图与造景的立意也就不复存在了。

水草造景的成景效果伴随着时间性与预估工作，且具有一定的不确定性。水草造景需要大量的经验以及欣赏大量的作品才能做到胸有成竹、信心满满地将最合适的植物种在最合适的位置上（图6-26）。

④ 技术性。水草造景是所有微景观中设备最复杂、技术含量最高的类型。要熟练掌握水草造景的各类原理需要认识大量的水草，熟知水上叶与水下叶的区别，铭记不同水草搭配的风格；需要有极强的动手能力，因为每一株水草、每一块沉木、每一块石料都需要亲手安排；为获得一缸理想的水质，需要了解过滤器的运作原理以及各类滤材的特性，并亲手安装调试设备，还需定时检测水质并定期换水；为使水草长到最优异的状态，需要架设灯光并添加二氧化碳，还需定期修剪植物并做好除藻工作；为能提高管理效率还需设计自动管理系统；当然还需喂鱼，因为有了鱼的水族箱才会更有生命。

水草造景需要大量的经验及技术支持，能将水族箱管理得井井有条的人一定善于动脑、心灵手巧并富有责任心（图6-27、图6-28）。

（2）沉水植物造景的风格

① 荷兰式造景（图6-29、图6-30）。荷兰式造景就好似园林中的花境，这种造景一般不会添加大量的硬质素材，追求的是复植水草色彩与形态搭配出的和谐效果。荷兰式造景整体构图讲究色块与面积对比，水草的前后布局讲究层次变化，前景、中景、后景非常明确。

② 南美风造景（图6-31、图6-32）。南美式水草造景的灵感来多源于亚马孙河的热带雨林。南美式水草造景多为绿色调，以绑扎了莫斯（水苔）且造型奇异的沉木以及石料为构图骨架，还常选用能体现雨林主题的水榕类、皇冠类、椒草类等水草，再配以纤细小巧、色彩艳丽的灯科热带鱼，共同打造一个原始神秘的、富有梦幻色彩的微缩亚马孙雨林世界。

③ 富有创意的自然系主题（图6-33、图6-34）。其实水草造景并不用刻意地区分风格与类型，这样过于学术，因为每个人的心中都有一种对自然理解的方式，每个人都能表达出富有创意的自然系水草主题。

水草造景是一件快乐的事，享受水草造景的乐趣除了创造新颖的自然构图外，还在于将水草一点一点养到健康的状态，并逐步修剪成心目中的样子。

图6-31、图6-32　沉木上绑扎了莫斯，并种植大量水榕的南美风造景

图6-29、图6-30　几乎不添加装饰材料，犹如花境一般的荷兰式造景

图6-33、图6-34　水草、色彩、构图灵活多变的自然系水草造景

图6-35 用大块石料作为主体骨架的水草缸，拥有一个构图优美、水草以及鱼儿都非常健康的水族箱是水草造景的一大乐趣

图6-36~图6-38 长出水上叶的几组水族箱，欣赏水草的水上叶是水草造景的又一大乐趣

看着健康的水草随波飘以及鱼儿游动的场景会使你倍感自豪，这也许就是水草造景的乐趣（图6-35）。

（3）水陆式水草造景（挺水植物）

水陆缸是在沉水植物造景的基础上降低水位，以便种植长有水上叶的水草或那些耐水植物。水陆式水草造景主要体现了水草造景与山水盆景的组合之美。

水草在苗圃中多是以水上叶的形式养殖的，销售前再沉入水中进行转水，当长出几片水下叶的时候再上市（曾经未转水的水草是不能上市的）。其实水草的水上叶也是非常美丽的，但这被很多水草爱好者所忽视。不过随着如今水陆缸在水族领域的逐渐流行，水草的水上之美已为人们所认可，水陆式水草造景为水草造景开辟了一个全新的视角（图6-36~图6-38）。

水陆式水草造景顾名思义分为两个造景层次。陆上的层次通常是用石料或沙土堆出高于水面的坡或面，以便种植植物，或者直接在水底种上植株比较高大、茎秆比较硬朗的挺水植物。水下叶的层次可根据整体设计效果做的可繁可简。

水陆式水草造景欣赏的不仅是水上叶之美，更是那种犹如自然驳岸般水与植物与自然交相呼应之美。水陆式水草造景是一个欣赏自然的难得视角。

（4）水生盆栽

水生盆栽就好似将岸边的一小块湿地带回了家中。水族箱多是放在家中，通过人工设备进行管理的。而水生盆栽常会放在阳台或露台上，蜻蜓与小鸟时常会在这里停留喝水，养在水中的鱼儿以蚊子的幼虫为食，鱼儿的粪便提供水生植物养分，而植物又净化了水质，当下

雨的时候，水体又会得到更新。这种以水为载体，以水生植物为素材的打造的盆景就好似一个微型的生物群落，拥有独立的生态循环（图6-39、图6-40）。

图6-39、图6-40 如池塘一角，色彩丰富的水生盆栽

放在房间里的水生盆栽可以做得更小，搬来搬去也更方便。对于其中的植物而言，即使任由其生长也别有乐趣，因为这样才会显得野趣与自然。提到小型水生盆栽，不得不提如今在水族领域盛行的侘草（Wabikusa，日文意为水边的草）。

侘草不是指某一种水草，而是类似于一种水草的打包技术，简单来说就是包含基质的“一坨草”，一个在养殖场就已做好的种植着水草水上叶的球体（直径5~9cm）。在造景时不需要将植物与基质分开，直接放入缸中即可。放入缸中的侘草不久上面的植物就会转为水下叶，并且大量的侘草可以快速成景。如今随着水上叶的盛行，将侘草作为一件水生盆景进行养殖，观察水草水上叶的现象也越来越普遍。不少爱好者以及造景师还会自己动手制作侘草，以充分享受养殖这种掌上水生盆栽的整个过程（图6-41）。

图6-41 只有手掌大小，但形式令人感到十分新颖的侘草

（5）水培类

那些搭配精致容器的小型水培植物与插花同样具有一定的微景观价值，这也是一类我们非常熟悉且十分生活化的小型绿植形式（图6-42）。

图6-42 摆在家中，插在各类花瓶内的水培植物

图6-43 纯表现地面场景的纯雨林缸

图6-44、图6-45 同时表现水下及地面场景的水陆雨林缸

养殖水培类植物的乐趣之一便是在于随性地摘取一段树枝或茎节插在水中，看着它慢慢生根，慢慢长叶的过程。这也是水培植物易于管理的一大特点。

相对于水培植物的随性，插花则更多了几分艺术气质，也可以做得更大胆，器物的选择上也更宽泛。水培植物追求的是一种长效之美，而插花追求的是一种即时之美。但无论何种形式的水培，当枝条与水接触的一刻，美便开始了。

6.2.3 雨林植物微景观

雨林缸着重于模拟热带、亚热带的丛林景观，它是热带雨林在室内空间中的缩影。雨林缸是各类木枝、石料、苔藓以及附生植物间的组合造景，色彩艳丽是雨林缸的一大特点。雨林缸中相对稳定的微环境可以满足许多植物开花，甚至是那些对环境有着苛刻要求的兰花。不仅仅是花色，许多植物，如堪称雨林中宝石的积水凤梨与空气凤梨的叶也会呈现出华丽的色彩。

（1）纯雨林缸

纯雨林缸以热带雨林的林床、林间、林梢植物为主景，配合枯木、石头、藤蔓等元素以共同营造出丛林一角的景色。苔藓是雨林缸重要的造型素材，造景师喜欢用将苔藓贴满枯木、石料以及背景的表面。随着时间的推移，苔藓会将这些表面完全覆盖起来，届时一幅原生态的雨林场景跃然眼前（图6-43）。

（2）水陆雨林缸

水陆雨林缸是纯雨林缸与水草水下叶场景的完美组合，它将原始森林的形态以断面的形式展现给了我们。

因为多了水这种元素，造景师常会结合养殖箱的高度充分表现水的层次与效果，各类模拟自然的微叠水、微瀑布都可以在水陆雨林缸中找到身影，不少作品还会融入雾化装置滋润植物。水在滋润植物的同时又极大地丰富了造景效果（图6-44、图6-45）。

6.2.4 空气凤梨微景观

空气凤梨已在第2章中做了简介。空气凤梨又名铁兰花，是一种多年生常绿草本植物。空气凤梨大部分为气生或附生类型，无须土培仅通过叶片吸收水分。许多人对植物的认识还停留在土培或水培上，而当他们看到空气凤梨并了解其生长习性时，会惊讶于它们各异的形态、特殊的质感，甚至会觉得这是一种“外星植物”。

空气凤梨的种类繁多，装饰性强，既可观叶，又可

观花。空气凤梨具有耐阴、耐低温、适应性强、便于管的特点，因此受到广大植物爱好者的喜爱。

空气凤梨也可以算是一种微景观。首先因为市售的空气凤梨一般不大，小型的空气凤梨如精灵类也就6~8cm，而那些相对大型的霸王花单手即可拿取。其次，空气凤梨是一种奇异的植物，可以满足我们对于猎奇的追求。最重要的是，空气凤梨因为没有栽种的概念，因此可随意移动，还可以搭配任意容器进行造景。

空气凤梨可以摆在花盆里也可以放在桌面上养殖，常会粘在树皮上挂着养，更可以用绳子穿起来吊在天花上。你可以不时地改变空气凤梨的位置，并不时地更换容器，将这种随性养殖植物与装饰的乐趣发挥到极致（图6-46~图6-48）。

6.2.5　（土）盆栽类微景观

（1）多肉微景观

① 多肉的色彩。多肉是一种小巧精致的萌物。人们喜欢多肉除了因为它们多汁饱满的形态外，还因为多肉粉嫩的色系。

粉色系的多肉清纯优美，就如同少女的脸蛋；紫色系的多肉大气华贵，富有气质；绿色系的多肉清新自

图6-46~图6-48　不用种在土里、形式各异的空气凤梨微景观

图6-49~图6-53 色彩多变，配合各类容器的多肉微景观

然，让人感觉很安静；赤色系的多肉，特别是日晒后都会有些偏红，会令人感到喜庆与悦目不忘；黄色系的多肉给人温暖之感；橙色系的多肉颜值都很高，不少品种的多肉日晒后都会混合些许橙色，有一种调和之美；蓝绿色系的多肉独具魅力（图6-49~图6-53）。

② 多肉的魅力——叶插。叶插繁殖是养殖多肉最有趣的事情之一。将散落的多肉叶片收集起来像种子一样铺在土上，不久叶片的基部就会长出根须与迷你的新芽，随着时间的推移，新芽会逐渐长成微缩版的母株形态。只要你细心呵护，没准来年就能丰收，让人不禁赞叹生命真是一种奇迹。

（2）绿植花卉微景观

绿植花卉微景观是一类富有创意的微型盆景艺术。它运用绿化设计的原理与方法并选用体型较小的植物，并通过复植的方式打造场景。绿植花卉微景观就好似一处迷你的陆上花园或小庭院一样精致耐看。

① 精致有趣的复植小盆栽。绿植花卉微景观多以复植形式出现，或是将独植的但是不同植物的盆栽组合在一起形成一个小组团，经由这些方式体现丰富的前后层次感（图6-54~图6-56）。

图6-54~图6-56　复植小盆栽以及组合盆栽给人以精致耐看之感

② “餐桌”上的庭院（图6-57）。厨房中的各类容器唾手可得，玻璃罐、碟子、碗、咖啡杯、高脚杯、铁水桶等其实都可以用来种植植物。用厨房中的各类器物来打造微景观可以成为居家微景观的一个主题。我们不禁赞叹，原来生活中司空见惯的器物经由巧手的组合，也能成为生机勃勃的小庭院。

由于厨房器物没有排水孔，因此将其作为套盆来使用是一个不错的方式。如果想直接种植植物的话，最好选择超过7~8cm高度的容器，因为这样容器底部可以设一个排水层，那些不耐水的植物根部将不会直接浸泡在水里，同时这个尺寸的容器也可以装更多的土。

图6-57　喝茶用的水壶也能成为一件有趣的微景观花器

图6-58、图6-59 各类厨房器皿都是理想的微景观容器

图6-60~图6-62 将各类小型盆栽挂起来即可成为空中的小院子

对于那些扁平类的容器，由于没有多少覆土空间，可以养殖那些耐旱的多肉类植物，通过累石堆土的方法来适当提高覆土量，或养殖自带基质的佗草、苔玉或苔藓球（图6-58、图6-59）。

③ 空中的小院子。“空中的小院子”顾名思义是挂着或放置在高处养殖的盆栽，这种视角下的植物具有飘逸之感。挂着养殖的植物常会选择藤蔓植物，因为藤蔓类植物长长的垂茎能充实空间，还能从不同的角度欣赏，树叶随风飘动的样子非常唯美。

这类盆栽往往会结合一些有趣的挂架或悬挂方式以体现一种创意之美（图6-60~图6-62）。

④ 窗边一角。窗边就是一个天然的植物园，也是各类微景观理想的栖身之所，家中各式各样的微景观都会在这里争相出现（图6-63、图6-64）。所以，尝试在窗边的一角规划你的微景观乐园吧。

图6-63、图6-64 窗边是植物较理想的生长场所，可以利用各种方式来展示微景观

6.3 盆景艺术与（苔藓）微景观

盆景是一种优秀的中国传统艺术。盆景以植物、山石、土、水等元素，结合艺术与园艺手法进行创作，以达到一种源于自然又高于自然的艺术形式。盆景将大自然优美的景色缩地成寸，展现了小中见大的艺术效果。

盆景、山水画与江南园林有着许多相似之处，在造型上将浪漫主义与现实主义相结合，同时以景抒怀，表现了深远的意境。

6.3.1 盆景的分类

（1）山水盆景

山水盆景分为旱景、水景与水旱景三种。

山石盆景（旱景）以富有艺术感的石料配上植物或是以更单纯的堆土形式出现。山石盆景内不会出现水这一元素。“清、奇、古、怪”是山石盆景中山石的特点。这些石料的质地、纹理与色彩都不相同，经过各类工艺，如雕琢、拼接处理后可以形成孤峰或山峦重叠的效果（图6-65）。

图6-65 将植物与石料结合是山石盆景艺术的特点

水景是将山石置于水体中，再将植物种植于石料表面的坑洞内。水景中的培养土被石料挡住不会接触到水体。水旱景是以上两种形式的综合表现（图6-66）。

山水盆景常配以小桥、人物或凉亭等饰品，以给人一种“山水之美，方寸之间”的联想空间及意境之感。

图6-66 引入水这一元素令盆景艺术更显滋润

（2）树桩盆景

树桩盆景又称为桩景，它与园林中欣赏单纯的一棵树、独木成景的桩景有着异曲同工之妙。桩景常以欣赏最单纯的植物的杆、叶、花、根或果等部分为美。桩景根据选材的植物再加以人工修剪、蟠扎与嫁接等方法干预植物的姿态，已达到植株矮状、花叶繁茂、独具形态的艺术效果（图6-67）。

图6-67 悬挂在办公中庭，用现代方式展示的树桩盆景

桩景一般可分为直干式、曲干式、临水式、横干式、垂柳式、悬崖式、丛林式、露根式与攀缘式等类型。绝大部分桩景都可以在自然界中找到缩影，这也是造景师尊重自然、向自然学习的一大体现。

随着时代的发展，我国传统的盆景艺术也呈现了多样化发展的局面。挂瓶盆景、挂壁盆景以及微型盆景等形式进一步丰富了盆景家族。这既是对我国传统盆景艺术的延续，又是一种向史而新的表现。

6.3.2 盆景四要素

盆景是由景、盆、几（架）、境（环境）四要素组成的。它们之间相互联系，相互影响，缺一不可。

景即构成自然缩影的植物，没有植物或植物失去活力，即使容器再有韵味，盆景也会失去价值。盆即栽种植物的容器（花盆），花盆的大小、选用材质应与植物的质感及植物的形态相互呼应。如悬崖式的植物形态需配高盆，这样才能给予下挂的植株展示的空间。几（架）是盆景的载体，几（架）就好似展品的基座，引导人们如何从最合适的角度欣赏盆景。几（架）除了进一步表现盆景外，还起到了盆景与空间过渡的功能，或起到进一步加强盆景的存在感的作用。

室内的盆景艺术也离不开环境。盆景的意境及韵味非常适合古朴典雅的中式空间（图6-68）。

图6-68 装饰于中式空间中的桩景盆景

6.3.3 （苔藓）微景观与盆景艺术

其实从对自然的理解、立意、造景手法而言，微景观与盆景艺术有许多相似之处。两者虽产生的时代不同，受众人群不同，但创作中的许多理念并不矛盾，盆景艺术中的精髓完全可以在微景观设计中进行尝试。

许多盆景的土层与石料表面都覆盖着苔藓，因为苔藓是一种自然景观，也是造景艺术家们最容易获得的素材，前庭后院都能找到苔藓的影子。只要给予适量的水分及光照，苔藓就能成长起来。盆景以自然为蓝本，将植物与艺术相结合并缩地成寸，小中见大的理念也正是各类微景观所极力追求的（图6-69）。

图6-69 土层表面铺满了苔藓的树桩盆景艺术

6.4 微景观的魅力

6.4.1 修身养性

“拈花惹草”是一种修身养性、文雅的标志。种花种草需要时间与耐心，制作微景观同样如此。微景观由于在方寸间造景，因此所有的步骤都要慢慢进行，植物与素材常需通过小工具按一定的步骤放置到容器内。这是一个极富耐心的过程，也是一种心境的修养。

一些比较用心的微景观课程前会有居家绿化设计案例的欣赏部分，并且还有唤醒苔藓的小仪式，其目的都是在告诉大家要在心静后再开始做微景观。

6.4.2 保护生命的责任

（1）展现生命的魅力

亲手制作的迷你世界就像亲手抚养的孩子，每天为它浇水，时常给植物施肥并修剪枯萎的枝叶，让它快乐地生活。看着不断茁壮成长生机勃勃的植物，能带给你一种发自内心的成就感。

（2）培养一种责任感

微景观与买来的成品盆栽不同，它是你经过独立思考、花费时间、并付出亲手劳动制作而成的，你一定会希望它好好成长，因此会加倍呵护。这无形中增强你对植物的责任感，增加你对生命的热爱。

6.4.3 制作

（1）因为小所以能亲手制作

与公共空间的大型绿化相比，微景观很小，因此你能借助简单的工具，并按照自己的喜好制作。微景观每天陪伴着你，你会期待微景观中的植物健康地成长，充满活力、充满生机。届时每发出的一点新芽、每长出的一片新叶，都能带给你生命的感动（图6-70、图6-71）。

（2）微景观没有固定的制作素材

微景观的制作素材十分开放。一般情况下，选择什

图6-70、图6-71 耐心地为土球表面裹上大灰藓的苔玉制作过程，材料与植物丰富的苔藓微景观素材

图6-72 由各类型微景观及绿植装饰的客厅一角

图6-73、图6-74 色彩丰富的雨林缸及种有三叶草的苔藓球

么容器、选用什么植物、选用什么搭配材料并没有严格的规定，只要各个元素间能相得益彰，最后植物能够健康成长，那就是一件“成功”的微景观作品，因为每个人对微景观的理解都不相同（图6-72）。

（3）微景观的制作方式十分开放

室内绿化设计的原理几乎都能在微景观设计中进行尝试。只要不违背植物的生长规律及相互间的习性，你完全可以按自己设定的构图制作微景观。

微景观体现了你对植物的认识，也表达了你对自然的理解，不同的构图更展现了你富有创意的一面。

（4）微景观的制作与养护是一项“技术活”

微景观虽以“微”开头，但如果要认真对待它，打造富有创意、生机勃勃的景致，其实还真不是“微”那么简单，因为微景观的制作与养护是一项“技术活”。

① 构图。美术与设计修养是微景观构图的重要基础，非一蹴而就。微景观的构图见7.3部分。

构图好坏与否是微景观成败的关键之一。许多爱好者觉得微景观构图很难，因为许多理念并没有表象这么简单。制作微景观对于成熟的景观设计师或园艺家而言并不困难，因为这些专业工作者经历了各阶段的学府深造，并富有大量的实践经验，他们已将空间及造型原理铭记于心，因此才能游刃有余地制作微景观。

所以在设计与制作微景观前应先学习一些美术原理与构成的知识。

② 植物。选择植物以及根据植物的习性相互搭配也是一项“技术活”。植物的种类繁多，习性各异，许多爱好者往往容易在植物问题上挑花了眼，或者恨不得一股脑将所有的植物都塞入容器内，而有时甚至会违背植物的习性与搭配原则将几种不同的植物种在一起。在作品完成的那一刻也许是“美丽的”，但不久之后植物间便会出现问题，这会直接导致景致的衰败。我们不提倡这种即时美的微景观（图6-73、图6-74）。

不少商业的“作品”，虽容器大小各异，但仔细看来其实植物的品种单一，仅将作品的个性寄托于大量的装饰物上，这样的微景观表现力也就大打折扣了。

③ 养护。想要获得良好的植物状态，温度、水分、光照等因素必不可少，可以说绿化养护所需要的那些要求微景观也同样需要。许多商家宣称苔藓瓶不用开盖子，或每天稍加通风就行；还说苔藓不需要光照或者每天只要喷几下水就能保持健康，将苔藓微景观定义为懒人植物。其实，大部分的说法都只是营销噱头，如果那样养殖，买回家后的苔藓微景观不久便会衰败。

相对于开放的自然环境，对于一般人而言，要在这么小的一个玻璃瓶内养好植物真的有点难度。玻璃瓶只有上部可以通风，高温高湿就会引起苔藓腐烂或长菌丝；由于瓶子底部没有排水孔，因此浇水也要计量精确，不然就会产生内涝；微景观常会用到一些走茎类的植物如天胡荽，当它们适应环境后便会疯长起来，因此修剪工作也是一项重要的任务。瓶中的微景观与传统盆栽不同，传统盆栽即使枝繁叶茂，我们也不用担心上部没有植物生长的空间（图6-75）。

总的来说，微景观的养护工作不能少，特别对于苔藓瓶半封闭的环境而言。这样才能在一个小环境中达到各项因素的平衡，这并不是一件轻松的事。

④ 经验。制作与养护微景观就如同学习与工作一样需要用心经营，并且不断地积累经验。随着时间的推移，你会慢慢发现构图做得越来越游刃有余了，植物的叶片也越来越绿了。当你欣喜地发现瓶子内的植物越长越多的时候，也许就是微景观对你的回报（图6-76）。

希望各位的微景观能茁壮成长，每天都陪伴着大家，并提醒我们要有热爱自然、感恩自然的心。

图6-75　书桌一角的苔藓球及苔藓盆栽，白色的碟子及碗都来自厨房

图6-76　用大量的微景观装饰起来的餐厅点菜区

6.5 本章小结

人们常说喜欢做微景观的人都很厉害，因为他们热爱生活，善于观察世界，会从自然中获取无穷的灵感，能将自然界中最精彩的片段带回身边。微景观的作品不一定是最有创意或绝对标新立异的绿化艺术品，但它的美必然是一种自然的质朴之美。我们的生活中从不缺少美，而缺少的是一种在如今快节奏生活中静心发现自然、品味自然的心。

人们可能觉得微景观是在近几年才兴起来的一种绿化艺术，其实西方很早有微景观的雏形华德箱，而我国则拥有历史悠久的盆景艺术，可见无论是哪个国度，先辈们很早就对这种绿化的形式有了独到的见解。

本章希望告诉读者微景观并不只是一种视觉绿化艺术，它还能带给我们动手的乐趣、心境的培养以及心灵上的熏陶。微景观是一种艺术、技术、手艺以及修养上的综合体现。微景观的表现形式多样，可选用的植物类型也十分丰富，苔藓植物、蕨类、水生植物、空气凤梨、多肉植物，以及形形色色的小型陆生植物都可以作为微景观的素材（图6-77、图6-78）。

接下来的章节重点是微景观设计与制作中一些实用的构思方法与制作技巧。

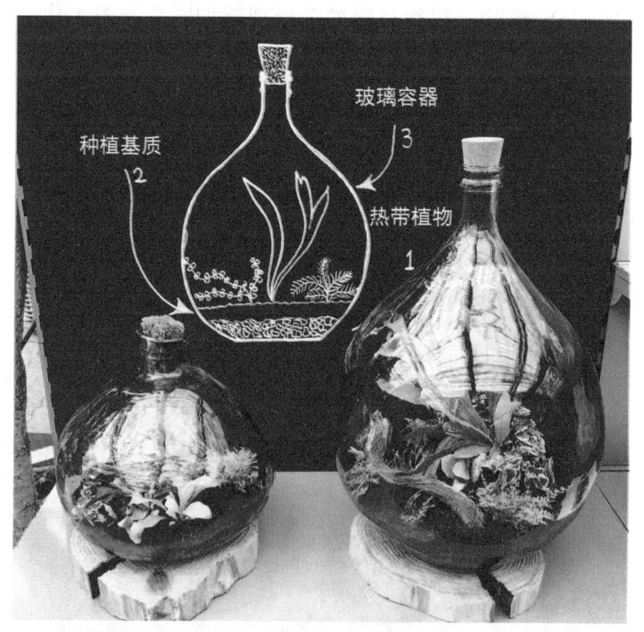

图6-77、图6-78 用玻璃容器装植物制作微景观是如今一种流行的微景观表现方式

思考与延伸

1. 不同类型的微景观间的区别是什么？
2. 苔藓微景观与传统盆景艺术的区别及共同点是什么？
3. 如何理解微景观的“微”这一概念？
4. 微景观的魅力对于室内绿化设计有什么启示？

第 7 章 微景观设计与制作

如果说室内绿化设计是植物与空间的巧妙结合，那么微景观则是植物、容器与辅材间的一次创意碰撞。与大型的室内环境绿化设计相比，微景观设计更显居家化，只要稍有一些动手能力以及拥有一些基本养殖植物知识的人就可以尝试制作微景观。这是微景观贴近生活、富有手作精神的重要体现。

微景观与室内绿化设计两者并不矛盾，许多室内绿化设计的方法其实都可以在微景观中进行尝试。当然，微景观也有不少特色的构图技巧与表现形式，本章主要围绕这些内容展开。

7.1 微景观的装饰位置

7.1.1 随性地安放那些轻巧的微景观

轻巧的微景观可以安放在视觉上富有表现力的位置，也可以很随性地摆放，因为大多数的微景观都十分轻巧，且移动方便。

当植物需要补光的时候，你可以将它们搬至窗边接受光照；当工作劳累的时候，你可以把它们拿到书桌上近距离观察；当有朋友来做客的时候，你可将它们移到茶几上供大家一起欣赏（图7–1）。

图7–1 桌面上两组轻巧的多肉微景观

7.1.2 不可移动的微景观需提前规划

对于那些比较重的微景观尤其是水草造景或水陆缸，一定要提前规划好安放的位置。选址方法除了参考6.2.2部分外，还需从实际的角度出发，留出一定的操作空间以便于造景、修剪、换水等工作。

相对于苔藓微景观，水族箱造景可谓一个“大工程”。造景所用的装饰沙、水草泥、沉木、石料、水草，还有过滤桶、灯具、二氧化碳钢瓶等物品常堆满一地，若没有一定的操作空间，很难“施展手脚”进行造景工作，而那些中大型的水族箱常需要借助于梯子才能完成修剪工作。因此，很有必要在水族箱的前部或四周预留一块操作场地（图7–2）。

图7–2 水族箱及周围的操作空间

对于水族箱，除了操作场地外，定制一个水族柜也十分必要。水族柜特制的结构可以承载水的重量，还可以将所有的设备以及工具收纳其中。由于是定制的，因此水族柜可以按家中的环境选择对应的颜色及材质，这样水族柜就好似原来就在家中一样。

不少水族爱好者都会留下一个遗憾，即家中无法容纳更大或者更多的水族箱。对于那些已经装修好的居室而言，这的确是一件可惜的事，但对于那些还未装修的家庭来说，提前预留一处或几处位置用来安放不同尺寸水族箱真的很有必要。

7.1.3 加强微景观的存在感

若空间比较大，微景观的存在感往往会受到一定程度的削弱，因此有必要通过一些方法来加强微景观的存在感，这样才能更容易被人的视觉所感知。

（1）成组摆放

将单独的、分散的微景观摆放在一起可以形成一个或几个组团。成组摆放后的微景观领域感会更强烈，这就好比室内绿化设计中将分散的盆栽组织在一起形成色块一样。将不同的微景观摆放在一起后，由于每件微景观都有一个主题，因此欣赏这些微景观就好似在阅读一个个故事，你可以自由地发挥想象将这些主题所表达的情节串联起来（图7–3）。

图7–3 成组摆放的微景观可以形成组团，因此领域感更强

（2）密集种植

园林中植物与植物移栽时一般会预留种植间隙，以利于将来植物生长。对于大部分微景观则恰恰相反，微景观的植物一般会采用密植的方式以达到快速成景的目的。从技术角度而言，因为苔藓类微景观选用了长得比较慢的蕨类及苔藓，如果种植间隙过大会显得造景不够饱满。对于水草造景而言，密集种植水草可以避免产生藻类，因为大量的水草可以快速吸收水中养分，这样藻类没了“食物”也就难以生存了（图7–4、图7–5）。

图7–4、图7–5 密集种植的苔藓微景观以及水草可以快速成景

（3）小植物，大“容器”

将小型的微景观植物安排在一个较大的器物内，通过器物来占据更多的场地，这样可以使微景观看起来更“大”一些。如将几片苔藓养在一个较大的广口瓶内或将其养在一个大玻璃缸内，在周围铺上沙子模拟枯山水；将几棵空气凤梨固定在一大片树皮表面再挂到墙上；将苔玉或佗草养在一个较大的白色瓷盘里，就如同西餐的摆盘方式一样（图7-6、图7-7）。

（4）使用效果光源（点光源）

微景观常通过射灯加强效果。点光源的照射范围集中，视觉焦点明确，是展示设计中常选用的光源。点光源可以将微景观从背景中分离出来，还能加强整个微景观的明暗对比度，优秀的色温则能很好地还原植物的本色。射灯还能很好地表现水族箱中水的光斑效果，水底闪耀的光斑能进一步加强水的质感。

对于即将装修的家庭而言，轨道射灯是个不错的选择，因为轨道射灯的灯具被安装在了一定长度的轨道上，灯具的数量、位置以及照射角度都可以根据需要灵活调整。而对于那些已经装修的家庭来说，台式或可夹射灯都是一种不错的选择（图7-8、图7-9）。

图7-6、图7-7 将佗草养在比较大的斜口碗或是放在超出佗草几倍的玻璃盆内看起来会更大

图7-8、图7-9 暖色LED光带及射灯照射下的水生植物与陆生植物两件微景观作品，每一件作品都个性鲜明

（5）运用花架或富有艺术感的花器

运用花架可以提升微景观的存在感。

首先，花架可以将微景观提升到一个更符合人视线的高度；其次，许多花架本身就是造型优美、富有创意的产品或手作，在辅助表现微景观的同时本身也是一道“风景”；再次，许多花架可以成组摆放微景观，这样不同的微景观会被组织得更有序列（图7-10~图7-12）。

那些富有艺术感的花器更具装饰感，将它们与微景观组合在一起可以起到相互衬托的作用。

7.2 容器及造景材料

7.2.1 容器

当微景观遇上各式的容器便能激发出创意的火花。生活中不少容器都可以成为微景观的载体，微景观的容器只有想不到，没有做不到。微景观的容器类型如下。

（1）玻璃容器

人们对清澈见底的水有着本能的喜爱，玻璃容器清

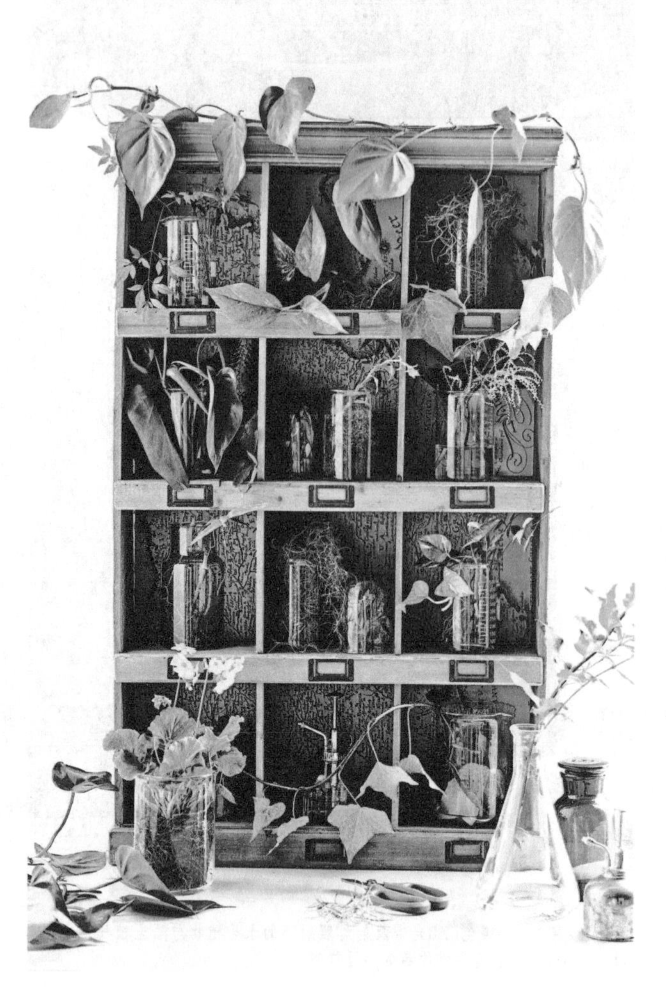

图7-10~图7-12 由各类花架或花器辅助表现的微景观。通过这些器物可以进一步提升微景观的视觉效果及艺术价值

澈如水，给人干净、无污染之感，这也是人们喜爱如水般的玻璃器皿的重要原因。透过玻璃容器人们可以方便地观察到里面的植物。玻璃器皿不漏水，质地轻盈，造型变化多样，不少玻璃器皿还富有艺术感，因此成为表现不同种类微景观的首选容器。

① 木塞瓶/密封罐/广口瓶（图7-13、图7-14）。绝大部分的苔藓微景观都选用了带有盖子的玻璃瓶，因为这类瓶子一般都比较深，对于展现造景的层次比较有利。盖子在冬天可以减少水分蒸发，以提高局部的温度与湿度。但这类瓶子的盖子不能一直关着，尤其是在炎热的日子，因为这样容易产生真菌与霉变。

除了那些花卉市场出售的玻璃花盆外，其实生活中的很多玻璃器皿，如玻璃碗、高脚杯、玻璃杯、玻璃盆、广口瓶、玻璃壶等都能作为微景观的容器。

② 玻璃花房（图7-15）。玻璃花房犹如现代版的微型华德箱，这是一类结构感强、造型硬朗但又不失精巧的容器。容器多为方形、切面体、锥形等几何形。金属的框架除了黑色外，还有金色的，这给微景观添加了一分微奢感。

迷你温室状的玻璃花房虽然造型多样，但一般共同点是有一面可以开启的玻璃或是一个开放的面，这样对于造景以及日后的维护工作非常友好。

图7-13、图7-14　各类玻璃器皿是我们再熟悉不过的微景观容器

图7-15　几何形的玻璃花房棱角分明，可以加强各类微景观的存在感

图7-16、图7-17 吹制的玻璃瓶手作感强，生活气息浓烈

图7-18 瓷质底座的玻璃罩内摆放着种在陶盆里的小型植物

③ 吹制玻璃瓶。吹制玻璃瓶是一种手作玻璃器皿，根据底部的形式有台摆与悬挂两种，由于是手工制作的，因此个体间会有稍许不同。吹制玻璃瓶充满了工艺美术的韵味与非对称之美（图7–16、图7–17）。

④ 小水族箱。水族箱除了养鱼与水草外，小规格的水族箱用来做苔藓微景观能创造丰富的层次。在缸体上还可以架设水族专用灯具，为苔藓及各类植物补光。

（2）陶/瓷容器

① 厨房器皿。厨房中的碗、盘、碟或玻璃罩等一类不漏水的器皿都可以成为微景观的容器，尤其是水生植物微景观。将苔藓微景观装在玻璃的蛋糕展示罩里可以保湿，这也是一种不错的养殖方式。厨房器皿微景观见6.2.5部分。

② 瓷质容器。人们非常熟悉各类瓷质的花盆与花器，养花种草都离不开它们。瓷质的花盆表面细腻，有的产品则富有艺术感，它们能与精致的微景观产生一种呼应（图7–18）。

③ 陶质容器。许多艺术家喜欢搜集各类大小的陶碗或陶罐，因为不少这类陶制品的手作感明显。陶制品表面的肌理及质感能将水灵灵的植物充分衬托出来。

（3）创意容器

微景观的容器其实非常随性，任何有趣的物件，如木箱、金属工具箱、盛水用的桶子、蛋壳、破碎的陶盆、防护用的细金属网，甚至是穿过的衣服，只要稍加改造都可以作为微景观的容器（图7–19~图7–23）。

图7-19 用搪瓷盆养的多肉微景观

图7-20~图7-23　各类创意微景观的容器

7.2.2　搭配素材

（1）造景素材

① 种植基质。要想养好微景观中的植物，合适的种植土必不可少。对于苔藓与多肉微景观而言，泥炭土是首选，因为泥炭土疏松透气，酸碱度理想。为增加泥炭土的肥力，制作时常会加入一定比例的赤玉土或仙土。对于多肉植物还会添加一部分珍珠岩与蛭石以进一步加强土壤的疏松透气性。目前市面上可以购买到按比例调配好的多肉种植土，这样使用起来更方便。对于那些无孔的容器，常会在底部添加一定厚度的轻石、火山石或粗陶粒等以利于排水。种植土的原理见5.1.8部分。

对于水草造景而言，水草泥是首选，因为这类基质的pH值呈弱酸性，且具有一定的肥力，十分适合水草生长。运用水草泥可以使水草造景的效率事半功倍。

② 沉木。大部分水草造景都会选用沉木作为素材。沉木多指那些自然中长期浸泡在水中不能上浮的枯木或干枝。沉木可以为一个平淡的水族箱瞬间添加一分自然的灵性。

沉木的形态多变，因此可以提供水景创作者无尽的发挥空间，经由沉木搭建的水景层次丰富且立体感强。用沉木可以迅速搭建出场景的骨架效果。

天然的沉木呈黑褐色，市售的沉木大部分都是人工炭化而来的产品，其品种有流木（褐色，质地紧密，造型、大小极为丰富）、杜鹃根（色泽金黄，造型优美、典雅）、藤条及树根等品种。许多爱好者还会将自己搜集来的枯枝木桩通过煮沸并泡水加工成沉木。

沉木除了用在水草造景中，用在苔藓微景观中效果也同样出色。将沉木运用在其他类型的微景观中，如多肉类与空气凤梨类微景观中也完全没问题。沉木可以丰富造景的层次与元素，突出造景的主题植物，还能充分模拟自然界的景致（图7-24）。

图7-24 水族店中形态各异、品种丰富的沉木与石料素材

③ 石料。如果说沉木创造了一种森林景致，那么石料则创造了一种山地效果（图7-25）。

图7-25 由沉木及石料打造的水草造景，场景为组合三角构图

水族领域常使用的石料有火山石、青龙石与松皮石等，其中火山石的pH值呈弱酸性，松皮石为中性，这两种石料对植物都比较友好。青龙石造景效果优异但石料呈碱性，需要通过酸洗才能使用，不过不少爱好者仍为之着迷。苔藓微景观常使用火山石，因为火山石表面的孔隙丰富，质地相对疏松，可以渗透水分，非常有利于苔藓的附着。

石料常与沉木搭配使用，这样可以打造出上虚下实的效果，也能形成一种质感上的对比。

（2）装饰素材

① 装饰沙石。水草造景常会在缸底铺沙来提高水景的明度，苔藓微景观中，这种方法同样适用。浅色的砂砾在衬托植物色彩的同时，还起到了拉开前后空间的作用。除了砂砾外，小颗粒的石头也常作为苔藓微景观的前景铺面。小颗粒的石头除了填补苔藓与植物的间隙外，还与植物形成了一种质感上的对比（图7-26）。

很多商业的苔藓微景观会使用彩沙作为前景以吸引孩子们的目光，有的商家已视其为一种制作“套路”，但对于那些追求自然风格的制作者，这可能是一种破坏色调的做法。无论选用何种色彩与质地的装饰沙石，都需根据作品的主题与制作者的爱好来定夺。

图7-26 装饰沙石可以作为园林覆盖物，也可以直接种植植物

② 趣味装饰品。微景观中并不一定要摆放装饰品，因为自然就是一种风格。但有时纯粹的自然元素与植物会稍显野趣，这时若在微景观中摆上几件装饰品可以增加作品的趣味性、故事性以及结构感（图7-27、图7-28）。这就如同很多公园会摆放雕塑与公共艺术作品，这样会令空间产生一个视觉中心。

图7-27、图7-28　装饰品为野趣的微景观提带入了人的存在感

7.3　构图与造景技巧

微景观在制作之前一般会设计一个构图（骨架），然后按设计的构图着手准备各类植物与材料。这样意在笔先的操作方法可以创造出微景观作品的个性。

评价某一件微景观作品优秀与否的重要标准之一是构图，区别不同微景观作品的方法除了应用不同的植物外仍然是构图。微景观的构图是为表现作品的主题与美感，在一定空间内通过美学及园艺手法处理容器、素材、植物等单位的关系，以将各个分散的部分组成一个富有艺术感及个性化整体的过程（图7-29）。

微景观源于自然却又高于自然，微景观的构图方法源于绿化设计，其中还会运用到绘画、摄影中的构图原理，但微景观也有其独特的构图技巧。

7.3.1　构图的立意

（1）表现，非再现

微景观多以打造自然场景为主题，这是一种对自然场景的艺术性表现，而不是纯粹视觉上的再现。因此在处理作品与自然的关系时需把握一定的度，这样才能做到有所取舍，而不至于照抄对象。

图7-29　看似自然的苔藓瓶其实都是有目的的设计，植物的高低组合、色彩以及搭配的材料都经过一番深思熟虑

（2）创新

每一次构图都可以尝试新的空间格局、新的素材或新的植物，不然每次的作品都会千人一面，索然无趣。

（3）美观

一切设计作品都是以美为前提的，微景观设计也同样如此。空间美、色彩美、结构美、植物美、风格美都可以在微景观中进行尝试（图7-30）。

图7-30 手掌级别的微缩雨林造型，出挑的沉木造型优美

（4）意境

追求意境也是一种构图手法。微景观的构图不求面面俱到、顶天立地，相反地如水墨画般适当强调虚实与留白，作品才能表达出一种空灵的意境感（图7-31）。

图7-31 由两块石料营造的、犹如写意画一般的苔藓微景观

（5）空间

一般制作微景观的容器都不大，但这并不能限制设计师在方寸之间创造空间。设计师常会运用透视、明暗、疏密、对比、色彩等构成手法在小容器内创造景深，展现大格局。

7.3.2 构图的形式

此部分的构图形式多以水草造景为例，因为水草造景技术含量高，构图形式丰富，可以视作一种代表。

（1）三角形构图

三角形构图是一种安定、均衡但又不失活泼的构图形式。这种构图通常以三个视觉中心界定画面的结构，或是以一个隐形的三角区域来安排画面的主体。三角形构图隐含的主体三角色块需达到一定的面积比例视觉上才能获得感知。装饰元素可以安排在三角形的斜边上，这样画面的有机感会更强。隐形的三角区可以是正三角也可以是斜三角或倒三角，它们的分类如下。

① 正三角（向心式）。向心式三角构图是一种常见的水草造景构图。正三角构图由于造型从下往上收拢，因此显得非常稳重，经由斜三角构图的画面则更显活跃（图7-32、图7-33）。

图7-32、图7-33 水草造景中的正三角及斜三角构图

② 倒三角（发散式）。发散式构图更活泼，且具有X形构图的特征。

这种构图的沉木与石料呈下小上大的趋势堆叠，因此画面会产生一种发射的构成感。发散式构图的成景虽然给人以轻松自然之美感，但实则所有的元素都经过了精心设计，各元素间的疏密、比例、长短等因素都需遵循一定的美学准则，而非信手拈来（图7-34）。

③ 组合式三角构图。组合式构图是将两组或两组以上的向心式或发散式构图同时安排在一个场景内。

通常两组平面的场景会前后或左右错开，这样可以通过交叠来体现空间的深度。而当三组场景同时出现在一起时，三个部分常会按不等边三角形布局，造景师会将其中的一组场景定义为主景观，其余两组定义为次景观，这样的构图会主次分明，错落有致。

（2）井字构图

井字构图的四个交错点遵循黄金法则，画面的主色块、主结构都会安排在这四条辅助线附近。井字构图法的画面主体突出、比例协调，它是一种简单快速的构图方法，也是众多构图法则中使用频率较高的一种（图7-35、图7-36）。

在实际设计中，造景师多按画面的井字关系凭肉眼观察取景，这样可以快速简易地理解及安排画面。

（3）一字构图

一字构图强调水平分割，画面的结构单纯与稳定，它着重表现画面的上部的造景层次。通常这种构图将画面分为前后两个层次，前后两个层次通常按1：4或1：5分配，其目的是压缩前景，充分留出后部及上部的空间，以便布置更多的造景材料及种植更多的植物创造层次（图7-37）。

图7-34　由沉木与石料构成的发散式三角构图水族箱

图7-35、图7-36　两个三角构图与井字形构图结合在一起的水族箱

图7-37　上部层次丰富的一字形水草造景

图7-38 空间感幽深的S形水草造景构图

（4）S形构图

S形构图在摄影中多指物体以曲线的形状从前景向中后景延伸的形式。S形构图可以有力地表现场景的空间感以及天际线的变化。S形构图常和不同类型的构图一同配合，以打造出富有变化的造景效果（图7-38）。

（5）中心式构图

中心式构图是将微景观的主景规划于容器的中部，并依次向外围布置植物与素材的一种构图形式。中心式构图可以很好地顾及来自四面八方的人们的视角，就好似将一字构图卷起来了一样（图7-39）。

图7-39 玻璃瓶内以食虫植物为主体的中心式构图微景观

中心式构图的主景可以规划在容器的绝对中心位置，以体现稳重之感；也可以规划在容器的中心附近，这样画面会更活跃；还可以在主景周围有主次地布置次景（总数为单数，画面的三角构图感比较强烈），这样画面会更富有主次感。

（6）独植

① 一棵植物的美（图7-40）。一棵植物的微景观好似绿化设计中的桩景，它表现了一种植物的纯粹美，也体现了侘寂的精神。我国的盆景艺术多为此形式，单棵的空气凤梨也是一种独植。

② 一个单位的美。独植体现了单纯的自然之美，而独植的另一种形式则体现了一种手工制作的单位之美，它们是苔玉、佗草、苔藓球这类微景。大多数的微景观都种植在容器里，当容器打翻时植物会散落一地，所有的景致将不复存在。而苔玉、佗草、苔藓球通过手作的方式将植物与基质连为一体，即使倒挂起来，植物也不会掉落，这时它们已成为一个完整的单位。

图7-40 表现一棵植物之美的空气凤梨微景观

这一坨植物令人爱不释手。人们喜欢这类微景观，喜欢这种整体的效率之感，喜欢当这一坨植物放入容器时那“扑通”一下的声音（图7–41、图7–42）。

图7–41、图7–42　拥有效率之美的苔玉与佗草

7.3.3　造景的技巧

（1）处理交界空间（所有类型微景观）

微景观设计也存在交界空间，这是一个造景层次、素材、植物品种最丰富的区域，在造景时需要用心“刻画”。处理交界空间的原理见5.2.8部分（图7–43）。

图7–43　交界层次丰富的多肉微景观

（2）模拟自然场景

① 苔藓包裹沉木或石料（苔藓微景观、水草造景）。原始森林中枯枝与岩石表面常被苔藓所覆盖，在水下世界水苔（莫斯）也同样覆盖着沉木的表面，自然界中这种现象需要长年累月才能形成。用水苔或苔藓包裹沉木是对这类自然现象的“致敬”，同时也能快速打造出一种带有时间痕迹的造景效果（图7–44）。

图7–44　沉木表面覆有莫斯的玻璃容器水生盆栽

② 处理材料间的交接线（所有类型微景观）。微景观中如果直接暴露装饰沙与种植土间笔直的交界线会显得十分生硬，因为自然界中这种完全硬切的现象并不多见。对于这种情况，一般只需要在这条交接线上盖上石料或沉木，或用植物进行遮挡便能过渡自然。这就好比室内设计中一个面上的两种材料的交接处通常会使用压条来进行收头一样。

③ 遮挡石料边缘及植物的基部（所有类型微景观）。用植物将石料边缘遮挡得若隐若现会使大块的石料显得更自然。另一种处理方法是用前景植物遮挡后部植物的根基部，因为植物的这部分一般欣赏价值较低，将这部分遮挡起来，画面会唯美（图7-45）。

图7-45 水榕、辣椒榕及黑木蕨将石料边缘遮挡了起来

（3）小空间创造大景深（苔藓微景观、水草造景）

对于户外的绿化设计，开敞的空间即是一种天然的景深效果，而若想在手掌大小的微景观容器内创造一定的空间深度，则需借助一些视错觉的技巧来实现。它们的类型如下。

① 前景式构图。前景式构图常选择一个框架或一个色块作为画面的前景，通过明暗拉开空间的层次。前景框架的材料可以是成排的沉木，可以是组合的石料，也可以是深色的植物，还可以是任何必要的装饰道具。

② 应用色彩与纯度。色彩原理中的暖色、纯色给人前进之感，冷色、灰色给人后退之感。微景观在造景中常应用这种色彩原理，比如在前景种上红色系的网纹草，背景搭配浅浅的绿色蕨类植物，通过组织不同冷暖与深浅的植物，在小空间内模拟“大景深”。

③ 大小对比（图7-46）。绘画透视原理是运用物体近大远小的变化在纸上模拟空间的深度，在微景观设计中同样也可以应用这种方式。如利用沉木大小变化在一个宽度不到40cm的水族箱内表达及其幽深的森林场景。

图7-46 并不宽的水族箱通过沉木的大小变化创造了景深

（4）冲破容器（所有类型微景观）

冲破容器的构图方式类似于室内绿化设计中的“出景”，这是一种体现植物生生不息、具有旺盛生命力的构图技巧。在实际运用中，可以在制作之初就选择高于容器的直立植物，这样在种下后就能即刻成景；也可选择那些暂时低矮，但具有生长潜力的植物，待养殖一段时间后植物就会超出容器，这样可以充分享受养殖植物的乐趣。出景的原理见5.2.6部分（图7-47）。

图7-47 小型植物超出了微景观的容器

（5）沙画（玻璃瓶内的微景观）

将沙画融入微景观中能瞬间提升作品的艺术价值，这就好比在沙画瓶内种植植物。通常这类微景观会选用一定深度的玻璃容器，这样可以将砂砾按艺术的方式垒得更高，视觉效果会更好（图7-48）。

图7-48　用沙画的手法制作的多肉微景观

（6）堆坡（苔藓、土培植物微景观、水草造景）

堆坡是为进一步增加造景第三个界面的面积，以在有限的空间中尽力创造更多景观层次的方法。

（7）避免平行（所有类型微景观）

自然界中很少有平行生长的植物，掉落在地面上的枯枝与岩石也是不规则排列的，为表现自然，微景观在制作时元素与元素间应避免出现平行关系（图7-49）。

图7-49　造景自然的微型纯雨林造景

7.4　工具与设备支持

7.4.1　造景与养护工具

微景观的容器一般比较小，因此常通过工具辅助来完成造景与养护工作。它们的分类如下。

（1）镊子

镊子是用来制作与维护各类微景观的好帮手。镊子可以帮助我们在狭小的瓶内施展手脚。镊子也是种植植物的好帮手，用镊子夹住植物的根部可以轻易地将其插入泥中。微景观的后期维护也会用到镊子，这样可以轻松地夹出枯萎的叶子，还能根据需要及时调整容器内的材料位置（图7-50）。

图7-50　通过弯头镊子制作苔藓微盆栽的过程

造景师通常会准备一把直头、一把弯头镊子，根据需要搭配着使用。在没有镊子的情况下，对于熟悉筷子的我们来说，使用一双长长的尖头筷子效果也不错。

（2）沙铲

种花养草中使用沙铲可以控制用土量。不少爱好者会使用茶铲或小勺子来制作微景观，因为它们都比较小，配合小瓶子使用很方便（图7-51）。

图7-51 苔藓微景观制作中，使用工具沙铲的过程

（3）浇水/保湿工具

喷壶对于苔藓与空气凤梨的保湿起到了关键作用，因为喷壶细小的水雾可以在叶片表面逗留更久。对于陆生植物，喷水能够冲洗灰尘，疏通叶片表面细小的毛孔和皱褶，以利于植物的呼吸和光合作用。多肉一般会用到挤压式的尖嘴弯头壶，这样可以避开叶片表面的白色粉质，还能防止聚集的水珠灼伤叶片表面（图7-52）。

图7-52 喷壶是养殖空气凤梨的必备工具

（4）修剪工具

对于那些狭小的容器或水草造景而言，一把锋利的尖头弯剪刀可以使修剪植物的工作事半功倍。

7.4.2 电气设备

（1）灯具（所有类型微景观）

微景观的照明与室内绿化设计原理相同，目前主要选用LED水草灯或植物专用LED灯，其原理见5.6.1部分。

（2）包含电磁阀的二氧化碳钢瓶（水草造景）

陆生植物需要二氧化碳才能进行光合作用，水草同样需要二氧化碳才能生长发育。自然条件下水中的二氧化碳资源丰富（石灰石经过微酸雨水的冲刷释放二氧化碳溶入水体），水族箱中的二氧化碳会被水草迅速消耗，因此必须补充，一般通过压力钢瓶来添加二氧化碳。二氧化碳气体被细化器分解成均匀且极为细小的气泡注入水中，通过水的循环供给植物（图7-53）。

二氧化碳的用量常以“泡”为单位计算，即计泡器中每一秒所产生的气泡数量，但这种方式只是一种无法绝对量化的经验传授，因为水族箱有大有小，无法以这种方式以一概全。比较准确的是通过试剂来测得水中溶解的二氧化碳浓度，并通过水草的状态来判断是否已经添加了足量的二氧化碳。

图7-53 大部分水草需要添加二氧化碳，尤其是阳性水草

（3）过滤器（水草、水陆缸造景）

俗话说养鱼先养水，要想获得一缸犹如空气般透明的水体，过滤器功不可没。水族过滤器内部通过菌落附着床（如陶瓷环、火山石等）培养硝化菌，利用生物净化的方式分解水中的各类有害物质，这与污水处理厂通过光和细菌净化污水的原理相似。

随着水体蒸发，水的浓度会越来越高，虽肉眼看来水体仍十分清澈，但实测水质已变差，因此需每周换水1/4或1/5来稀释水体。过滤器一旦启动需24h连续运行，这样才能为硝化菌提供不间断的氧气。

（4）加温设备

种植有热带水草的水族箱在冬天需要使用加热棒，对于使用热带植物造景的微景观而言，在冬天准备一块带温控的加热垫也十分必要。

7.5　本章小结

微景观虽以“微”字开头，但其作用一点也不小。

对于设计师而言，无论制作何种类型的微景观都好似在制作建筑模型一样，你可以获得一个全面的观察视角，还可以尝试不同的绿化构图，并锻炼动手能力。微景观好比是设计草图，是脑海中绿化构想最简易、最快速的表达方式，可以帮助你体验绿化设计。

对于不少绿化爱好者而言，微景观提升了个人对于构图、审美以及空间布局上的修养，当然也能培养动手能力，因为微景观的乐趣就在于可以自己动手制作（图7-54、图7-55）。

图7-54、图7-55　水草造景的构图，种植水草以及成景的漫长过程

许多学习园林专业的人士虽然对植物的品种及习性理论铭记于心，但因为常埋头于电脑进行植物配置工作，忽视了图纸与现实的区别。真正“了解”植物的人也许并不多，比如很少有设计师会重视土壤问题，这可能导致多年后植物的状态仍然不佳。而养殖微景观就好比是一次植物长成的模拟体验，这不仅是单纯地创造美，而且是全方位地考虑问题。微景观的养成过程是由一次次失败走向成功的过程，是一次次从经验中获得能量的过程。

微景观与室内绿化设计都需要全局的思维方式，当抱着这种认识看待问题时，你会发现无论是一处大型的室内环境绿化设计，还是设计一次小型的盆栽艺术，其实都是一次宝贵的绿化设计经历。

思考与延伸

1. 微景观的装饰位置有哪些规律可循？
2. 骨架形式对于微景观的构图有何重要意义？
3. 微景观的造景技巧与室内绿化设计有哪些联系？
4. 运用本书的原理，尝试运用不同的容器及植物制作微景观，并记录植物的生长状态。

参考文献

[1] 山本纪久. 造园栽植术. 杨秀娟，董建军译 . 北京：中国建筑工业出版社，2018.

[2] 美好家园. 花坛与花境设计. 周洁译. 武汉：湖北科学技术出版社，2016.

[3] 谢云，孙景荣. 室内植物装饰设计 . 北京：中国建材工业出版社，2010.

[4] 雷吉娜・埃伦・韦尔勒，汉斯-约尔格・韦尔勒. 植物设计. 齐勇新译 . 北京：中国建筑工业出版社，2012.

[5] 朱淳，张力. 景观建筑史 . 济南：山东美术出版社 ，2012.

[6] 彭一刚. 中国古典园林分析. 北京：中国建筑工业出版社， 1986.

[7] 赵农. 园冶图文新解 . 南京：江苏凤凰科学技术出版社， 2018.

[8] 藤井久子. 苔藓图鉴. 曹子月译 . 北京：中国轻工业出版社，2019.

[9] 苏雪痕. 植物景观规划设计 . 北京：中国林业出版社，2012.

[10] 池沃斯. 植物景观色彩设计. 董丽译 . 北京：中国林业出版社，2007.

[11] 李作文. 园林宿根花卉彩色图谱 . 沈阳：辽宁科学技术出版社，2002.

[12] 日本NHK出版社编. 玩苔藓：六大名师教你手制苔藓球和苔藓小景. 谭尔玉译 . 郑州：河南科学技术出版社，2017.

[13] 李英善. 梦想庭院——组合盆栽DIY. 成月香，李凤玉译 . 武汉：湖北科学技术出版社，2010.

[14] 郭城孟. 自然野趣大观察・蕨类. 黄崑谋绘 . 福州：福建科学技术出版社，2016.

[15] 日本学研社. 时尚花草・香草生活. 徐茜译 . 北京：电子工业出版社，2012.

[16] 赵玲. 无土也可以养花——水培与气生植物养护全图解 . 北京：化学工业出版社，2011.

[17] 俞禄生. 神奇的无根花卉——空气凤梨 . 北京：中国农业出版社，2008.

[18] 日本AQUALIFE编辑部. 观赏水草养殖轻松入门. 王志君译 . 北京：中国轻工业出版社，2009.

[19] 胜地末子. 懒人植物园：多肉植物、空气凤梨、观叶植物设计手册. 程亮译 . 北京：中国水利水电出版社，2014.